本书为2018年10月在香港孔子学院举办的“社会责任与个体价值：古典儒学的现代启示国际研讨会”的会议论文集

本次会议及本书出版获中国孔子学院总部/国家汉办资助

社会责任与个体价值：

儒学伦理学的现代启示

贾晋华　曾振宇◎主编

齊魯書社

目 录

导论

贾晋华　曾振宇

“社会责任与个体价值：古典儒学的现代启示国际研讨会”于2018年10月在香港孔子学院举行，由香港理工大学人文学院及香港孔子学院主办，山东大学儒学高等研究院及中国哲学史学会曾子研究会协办。本书为此次会议论文的结集，以儒学伦理学关于担当社会道义和实现个体价值的关系为主题，并涉及个体如何在当代承担社会责任。

关于儒学伦理学，十九至二十世纪占上风的一个看法是儒学重视社会道德、群体利益和人伦关系，但缺乏个人、自我、主体性、自主性、自由意志等观念。胡适指出儒学伦理学认定个人不能单独存在，一切行为都只能是人与人关系的行为。[①] 梁漱溟也认为中国社会是“关系本位”的社会，集中强调人与人之间的关系，个体不是孤立的实体，而是社会的存在，而“中国文化的最大之偏失，就在个人永不被发现这一点上”。[②] 芬格雷特（Herbert Fingarette）则反对用“自我”的概念来讨论儒学

① 胡适：《中国哲学史大纲》，商务印书馆1919年版，第116页。
② 梁漱溟：《中国文化要义》，中正书局1974年版，第94、260页。

思想，认为儒学伦理学缺乏有关个体的自主选择和自由意志的论述，未体现心理上的主体意识。①

近数十年来，一些学者肯定儒学也具有自我、个人、意志、选择等观念，但认为儒学的个体依赖于关系角色、社会责任及群体价值而建构，还不是真正的独立主体、自由意志和自主决定。葛瑞汉（A. C. Graham）承认个体选择在儒学伦理学占有中心的位置，但指出儒学的个体并未真正以伦理选择为目的，而只是以其道德修养和意志力量遵循“道”而行动。因此，儒学所讨论的“志”表面上看来接近于西方的意志（will），但实质上离开康德的自由意志很远。② 罗斯文（Henry Rosemont，Jr.）也认为，“儒学的自我主要不是自主的个体，而是关系中的人，在人类社群中过着综合道德、审美、政治和精神的生活。”③

---

① Herbert Fingarette, *Confucius*: *The Secular as Sacred* (New York: Harper Torchbooks, 1972), 18 – 22; Fingarette, "The Problem of the Self in the Analects," *Philosophy of East and West* 29. 2 (1979): 129 – 40. 还可参看 G. W. F. Hegel, *The Philosophy of History*, trans. J. Sibree (New York: Dover, 1956), 120 – 21; Max Weber, *The Religion of China*, *trans.* Hans H. Gerth (New York: Free Press, 1951), 241; Chad Hansen, "Freedom and Moral Responsibility in Confucian Ethics," *Philosophy East and West* 22. 2 (1972): 169 – 86; Chad Hansen, "Individualism in Chinese Thought," in *Individualism and Holism*: *Studies in Confucian and Taoist Values*, ed. Donald J. Munro (Ann Arbor: University of Michigan, 1985), 35 – 56.

② A. C. Graham, *Disputers of the Tao* (La Salle, IL: Open Court, 1989), 27 – 28.

③ Henry Rosemont, Jr., "Whose Democracy? Which Rights? A Confucian Critique of Modern Western Liberalism," in *Confucian Ethics*: *A Comparative Study of Self*, *Autonomy*, *and Community*, ed. Kwong-loi Shun and David B. Wong (Cambridge: Cambridge University Press, 2004), 62 – 63。还可参看 Rosemont, *Against Individualism*: *A Confucian Rethinking of the Foundations of Morality*, *Politics*, *Family*, *and Religion* (New York: Lexington Books, 2015); 孙隆基，《中国文化的深层结构》，广西师范大学出版社 2011 年版; Roger T. Ames, "Reflections on the Confucian Self: A Response to Fingarette," in *Rules*, *Rituals*, *and Responsibility*: *Essays Dedicated to Herbert Fingarette*, ed. Mary Bockover (Chicago: Open Court, 1991), 103 – 14.

另一些学者则思考儒学伦理学对群体和个体、人际关系和个性人格、社会角色和自主行为、群体价值和情感意志等两极关系的共同关注，认为此类两极关系是有机的、互补的，而不是对立的、不相容的。金耀基指出，在儒学伦理学中，个体和社会的两极关系是活跃的和弹性的，一方面儒学未将个体看成是孤立的存在，而是将之定位为社会的存在，并通过建立一个明确的角色系统实现社会和谐；另一方面组成社会的个体仍然拥有其“自我”，这个自我并不只是一个角色扮演者，而是被儒学赋予以大量的自主性，“己”作为一个动态实体，能够改变和建构同他人的角色关系，“在关系网络中，个体同他人的关系既非独立的，也非依附性的，而是相互依赖的。因此，个体自我并没有完全失没于种种关系之中，相反的，个体有着广阔的社会空间和心理空间自主地行动。……自我乃是一个积极主动的实体，他能够为自己，为他人型塑角色，不仅如此，他还能够型塑群体的界线。”①罗伊兹（Heiner Roetz）将儒学的道德人描述为自我负责的、自主的个体，不仅仅是被动地履行社会角色义务。② 李泽厚以“关系主义”概括包含人际关系和个体存在、社会角色和自主行为两极的儒学伦理学，指出孔子将外在的礼解释为个体的内在意志，将社会伦理规范提升为个人的情感意识和自主决定，而作为儒学伦理学核心观念的“仁”是人性的情理结构，既为社会道德责任的理性所制约，也与个体的情感

① Ambrose Y. C. King（金耀基），“The Individual and Group in Confucianism，” in *Individualism and Holism*，ed. Munro，57－70；金耀基：《中国社会与文化》，牛津大学出版社 1992 年版，第 1～40 页。

② Heiner Roetz，*Confucian Ethics of the Axial Age*（Albany，N. Y.：State University of New York Press，1993），149－84.

和自由意志相结合。①

本书延续和发展目前学界的讨论，赞同儒学伦理学对群体和个体、承担社会责任和实现自我价值的共同关注。我们认为，儒学一方面强调个体由人伦关系而建构，每个个体皆须承担由家庭和社会角色所规定的义务责任，遵守社会伦理道德规范，尊重、关爱和帮助别人，为营造和谐的人际关系和社会秩序做出贡献；另一方面将个体看成是独立的、自主的和理性的主体，具有个人的丰富情感意志，可以自由选择人生目标，主动地努力实现自我的存在价值。两者合起来呈现出儒学理想人格的完整形象：既承担社会责任又坚持个体自主，既遵循外在的权威也听从内心的召唤。为了实现这一理想人格，儒学一直强调修身养性以“成人”的重要性，要求志士仁人自我学习、自我修养和自我完成，通过“修身齐家”而“治国平天下”，关注政治，利益民生，履行社会道义和责任，实现己立立人、己达达人的目标。而达到这一目标的理性的、自律的道德主体，同时也是实现生命意义、充满愉悦情感的自主个体。儒学这一兼融社会和个体、理性和情感的理想人格为联接传统和现代、东方

---

① 李泽厚：《论语今读》，天地图书出版公司 1998 年版，第 18 ~ 21 页；李泽厚：《人类学历史本体论》，青岛出版社 2016 年版，第 205 ~ 236 页。还可参看 Franklin Perkins, “Mencius, Emotion, and Autonomy,” *Journal of Chinese Philosophy* 29. 2 (2002): 207 – 26; Kwong-loi Shun, “Conception of the Person in Early Confucian Thought,” in *Confucian Ethics*, ed. Shun and Wong, 183 – 202; Chung-ying Cheng, “A Theory of Confucian Selfhood: Self-Cultivation and Free Will in Confucian Philosophy,” in *Confucian Ethics*, ed. Shun and Wong, 124 – 47；罗国杰：《中国伦理思想史》，中国人民大学出版社 2008 年版；Erica F. Brindley, *Individualism in Early China: Human Agency and the Self in Thought and Politics* (Honolulu: University of Hawaii Press, 2010)；陈来：《仁学本体论》，三联书店 2014 年版；安乐哲：《儒家角色伦理学：一套特色伦理学词汇》，山东大学出版社 2017 年版等。

和西方的价值观念体系，以及建构当代新的伦理学理论，提供了一个平衡的思想模式。这一模式一方面质疑原子的、自由的个人主义的自我中心及对社会民众利益的忽略，另一方面挑战个体的独立意志和自我尊严的丧失，以及对某些宗教、政治“权威”的盲目信从，从而有助于战胜当前的种种环球危机，形成人类共同的价值体系，稳固人类的持续发展前景。

本书所收十二篇论文，即以上述儒学伦理学关于社会责任和个体价值的相互关联、相辅相成关系为中心主题，兼及美德伦理、角色伦理、政治伦理、价值观念等诸多论题，多方位、多角度展开深入的探讨。

郭沂在《从西周德论系统看中华社会责任与个体价值观之确立》一文中指出，社会责任和个体价值的这一儒学宗旨，并非孔孟首创，实为文武周公之遗教。首先，文章考察外在之命、外在之德与人伦之德，说明在殷周之际人们确立了“天”这一概念在中国文化中的崇高地位，并归纳出当时人们所信仰之天，共有六义。作为殷商时期至上神的帝和上帝是周代上帝之天的前身。因此，西周时期的上帝之天在天之诸义中仍然具有至高无上的地位。其次，文章讨论内在之命、内在之德与人性之德，认为人性之德和人伦之德皆直接从为上帝之天所统摄的本根之天和本体之天开出，其宗教色彩仍然十分浓重，但其人文主义色彩已经开始呈现。接着，文章研究行为之德、品行之德与治理之德，提出西周以行为之德、品行之德和治理之德为主要内容的人文主义，体现的正是人的社会责任和个体价值。此三德都具有社会责任和个体价值两个方面的特质。行为之德、品行之德和治理之德的形成，意味着中华社会责任与个人价值观的确立。

贾晋华的论文题为《古典儒学关于宇宙时空和个体命运的思考》。文章首先讨论中国古代时空一体及其与人类社会相关联的宇宙论。接着考察处于中国宇宙论核心的天命观，描述这一观念如何从伦理/政治权威逐渐扩展至个体命运。最后集中阐发孔子的知命说和孟子的立命说。孔子和孟子一方面敬畏超出人类控制力的天命和命运，另一方面相信个体具有自主决定和努力的力量。这一天人之际的张力通过他们的知命说和立命说而化解为天人和谐。天命的限制激发了他们关于社会历史使命的强烈意识，促使他们立志在有限的生命和历史条件中实现个体价值。他们相信通过自我认知和自我修养，个体可以完成其人生使命，实现其存在价值，从而在无穷的时空中确立一个永恒的宇宙位置。个体因此不仅可以超越所有外加于其人生经历的艰难挫折，而且也超越了死亡的终极命运。这一终极关怀代表了儒学宗教性的一个重要方面，并在后来成为传统儒士的精神家园。他们沿袭知命和立命的宇宙视野，自主地选择自己的人生目标和历史使命，勤勉地修养自己，为社会和人类的发展做出贡献。面对当今世界的各种危机及人类持续性发展的难题，古典儒学的这一观念仍然具有重要意义。

顾明栋的《“内圣外王”的历史局限和当代重构》以当前历史条件下“内圣外王”之道为核心的儒家政治哲学是否还有价值为话题。文章通过考察“内圣外王”的来源、缺陷、本质和误导性四个方面，最终认为“内圣外王”本是儒家的政治形而上学话语，经过历代儒家思想家和统治者的阐释和推崇，演变成一种权力知识，集意识形态、权力话语、文化霸权、宗教性道德和社会性道德为一体，在历史上起到将镇压性国家机器和意识形态国家机器统一起来的精神黏合剂作用，在当代的生活现实中已失去了政治理论的价值。但是，在处理个人和社会的关系方面，“内圣外王”的思想仍然具有一定的精神意义和伦理价值，对此进行顺应时代潮流的反思和改造，有助于获得应对全球化和高科技发展带来的种种危机的有益启示。通过从历史的、现实的、话语的和意识形态的层面考察“内圣外王”思想的来源、发展和内在性质，对其做出恰如其分的评价，并以现代思想资源充实这一古典思想，我们就有可能在此基础上重新构建合乎时代需要的理想人格和政治道德，提出“内圣”和“外王”的新定义和新理念。

邢文在其《“慎独”的三个层次》一文中，于吸收总结各家之说的基础上，就“慎独”的三个层次，尤其是“慎其德”的内涵及其与早期儒家“内向超越”等相关问题，进行了探讨。文章对历史上两种最具代表性的“慎独”说展开解释，认为当下之研究应改换一个视角，跳出“相同说”或“不同说”的论争，把传世与出土的古代文献所见以及学者们对“慎独”之义的解说归于三个层次：（1）闲居独处的“慎其行”；（2）己所独知的“慎其心”；（3）朝彻见独的“慎其德”。文章分别对此三个层次进行详细论述，最终认为与三个层次的“慎独”一样，“内向超越”是儒家完善个人人格、实现个体价值并担当社会责任的重要途径。因为只有“内向超越”，才要求“慎独”不能仅停留在“慎其行”的层次，而是要上升到“慎其心”“慎其德”的层次；也只有在“行”“心”“德”三个层次上“慎独”，儒家个体才可能既坚持独立自主的理想人格，又有能力在更高的层次上担当社会责任。因为维护人类尊严、保护全球生态是“天人合一”的当代意义，只有超越世俗的通天之“德”，才能在全球、全人类乃至全宇宙的维度上维护个体之“一”、社会之

“一”与宇宙之“一”的尊严，担当个体之“一”、社会之“一”与宇宙之“一”的责任。

韩星的论文题为《当代哲学的身体转向与儒家的修身之道》。文章以如何认识中国传统身体观为研究对象，分别考察当代哲学的身体转向、身心一体心为主宰的儒家身体观、身心合一前提下的修身之道这三个重要问题。文章提出，从根源上说人类自从诞生那一天起身与心、灵与肉就是处于对立统一之中，为此不同的文化对这问题的处理也是在对立中寻求统一，在紧张中寻求平衡。从中国思想史来说，太古哲学是以形躯起念的，到了春秋战国以后就逐渐走向身心合一、心为主宰、体用不二的基本结构。尽管仔细区分起来比较复杂，如儒家有“二源三派”等，但总体上看儒家的身体观是以身心一体、心为主宰为主流形态的，在身心合一前提下的修身之道强调个人以修身为本，修身是内外交养，重在修心，其最高境界是与道合一，其最高目标是成圣成贤。今天一些学者受西方哲学身体转向影响对身体哲学的钟情是可以理解的，但也应警觉这种强调身体挺立或“回归”而相对忽视心的矫枉过正之论，及其可能带来的新的偏向。

王小林的《何以超越“名”的规制》一文，以“名”的价值体系与个体存在的关联为主要谈论对象，就如何超越“名”的规制阐述意见。首先，文章讨论儒家政治的“正名”思想，认为它展示如下的逻辑：世界的秩序必须在有了“名”之后方可显现，“名”是优先于“言”“事”“礼乐”“刑罚”而存在的，一切秩序的始原，同时也可以与“言”与“事”等量齐观。孔子将“名”作为万物之始、秩序之首看待，其原因正是来自于“名”与“实”已经开始发生背离的背景。如何将二者恢复到“名实一体”的理想状态，成为春秋战国时期各个学派的价值取向和奋斗目标。其次，文章揭示“名”的易变性及其原因。接着，文章考察了“名”与“个体价值”二者的关系，认为对于中国人来说，必须经过繁琐的文字训练，或通过“格物”才能够悟“道”。在这个过程中，“名”不仅是认识和把握事物的不二法门，同时也是通往“圣化”的唯一途径。文章最终认为，儒学的道德说教固然有其维系家庭关系及社会和谐的积极性，但是我们对“名”的政治伦理及其影响却很少进行彻底反省，而这种反思对如何推进儒学的现代化，特别是与世界其他文明对话乃至接轨是至关重要的。

黄勇在《当代美德伦理：古代儒家的贡献》一文中，讨论儒家思想对当代美德伦理的发展能够做出什么样的独特贡献，是作者对多年来一系列研究成果的总结。曾经被看作是古代伦理的美德伦理，在英语世界经过几十年的复兴，不仅可与在近代世界占统治地位的道义论和功用论并驾齐驱，甚至有压倒后者的趋势。有鉴于此，不少做中西比较哲学的学者也努力论证儒家伦理实际上是一种美德伦理。作者认为，这固然有意义，但更重要的是，如果我们真的觉得美德伦理具有优越性，我们应该看看古代儒家思想对当代美德伦理的发展能够做出什么贡献。这包括儒家是否能够帮助当代美德伦理有效地回应外来的批评，帮助当代美德伦理克服其自身存在的一些问题，帮助当代美德伦理对当代哲学的相关领域做出有效贡献。作者指出，儒家在这三个方面都大有可为，并在文章中展开详细深入的论述。

安乐哲的《人能弘道，圣人能继天立极》一文，从中西比较的大视野展开论述。文章指出世界的哲学存在深重的、似乎不可克服的不对称。当前西方世界对于中国哲学研究前沿知之甚少，而在长达四个世纪的近代文化接触中，中国古代经典被运用西方语言所建立起来的一套语汇进行翻译，从而被装上明摆的基督教框架。文章认为，中国传统自身有一以贯之价值，即《易传》的将天、地、人三才融贯与整体协同作为宇宙观基础。这种协同的含义是人类的兴盛发展要求人类经验呼应宇宙变化的全部复杂性。这种整体性审美主义是人类经验对域境、过程、事件的毅然投入和审美性质，是对人类经验的语境化的、过程化的、事件化的和终极审美性本质的根本承诺，以造成对人类经验内容的整体性、视点/视阈概念化。在这个概念化过程中，无边无际的整个宇宙是现实的、供人所用的，人可在任何视点事件践行修养。文章最后回归到古典儒学的经典，认为在这些文本中表达得相对模糊的“天”的概念，可以通过圣人的具体生活被详述和阐发，说明不仅“人能弘道”，而且“圣人能弘天”。

温海明的《“角色”与中英语境——以安乐哲〈儒家角色伦理学〉为中心》一文，以安乐哲的儒家角色伦理学为对象，分别从缘起、“角色”一词在中英文语境当中的意义之区分、儒家角色伦理学当中的角色之意、中英文中“角色”含义之比较四个方面展开分析。文章认为，通过讨论“角色”一词在儒家和安乐哲理论中的意义异同，可以发现安乐哲有关儒家角色伦理学的论述的确能够帮助理解儒家伦理，因为带出的新意义值得仔细考察思考，为中文语境关于儒家伦理的讨论带来很多启发。儒家按照某种角色来行为，遵从过往儒者的教导，扮演某种角色的说法还是有活力的。不是角色本身，或按照角色生活或扮演某种角色的过程就是“儒家”，而是人们如何生活或者扮演他们的角色，亦即他们扮演角色时注入角色本身的那种态度，如何选择和控制情感，力图中和等等才真正构成儒家之谓儒家。简言之，儒家式生活无疑是安乐哲所言的一种角色生存或者角色扮演，但“角色”本身的扮演过程不是儒家之谓儒家的应有之意；主要是人们生活和扮演其角色的“道”，也就是他们如何生活，如何思考和选择，他们扮演角色的那种主动控制的状态，才决定一个人是否是真的儒者。

曾振宇的《儒家为何从“天理”高度说“仁”——观念儒学研究之一》一文，从东西方哲学与文化比较的视野指出：程朱学派之所以从天理高度说仁，终极目的在于为天下立法，为宇宙与人类社会奠定一个善的道德与文化根基，“为万世开太平”设计一种行之有效的社会秩序。具体而论，程朱从天理高度说仁，有两重思考与设计：其一，从形而上的天理本体论维度论证仁义，目的在于建构以仁义为核心的伦理学说。如果仅仅就道德论道德，仁义诚信忠孝廉耻等价值观就缺失一个哲学的根基，仁义也就“下坠”为一种道德学说而已。形而上的哲学论证，意味着仁义不仅是伦理学说，还具有普世性和绝对性；其二，程朱从天理高度说仁，在于证明仁是人类自然权利。仁作为先天的人类自然权利，是天理“自然本有之理”，属于“天理自然流行”，不假外求，内在先验自足。人拥有自然权利的唯一理由就是他们是人，人的自然本质决定了人虽然是有限的个体，但先在性赋有这一权利与自由。由此而来，仁既然是自然权利，违反自然权利就是违背天理。人的自然权利不是社会制度与法律发明出来的，自然权利先于人世间的法律与社会制度。社会制度与法律作为人类让渡其自然权利而产生的社会契约性存在，其存在的合法性就在于运用公权力确认与保卫这些自然权利。在西方历史与文明史上，自然权利的理论可以上溯至古希腊时代的哲学家们。启蒙运动之后，继而从自然权利中衍生出财产权、法律权、选举权等权利与自由。

翟奎凤的《近代以来中国大学校训与儒家价值观念的传承延续》一文，将近现代一系列高校之校训与儒家价值观念进行比照分析。文章认为，儒学在一定意义上就是教育学、育人之学、成人之学、大人之学，因此儒学与教育特别是高等教育关系非常密切。校训反映一个学校的办学宗旨和精神追求，也包含人才培养的全方位要求，其背后往往也反映一种文化理念和价值选择。在近现代中国，儒学与中华文化遭到强烈反思批判，但是很多著名大学的校训依然采用或化用儒家经典中先圣先贤的格言名句。1949 年以后，大学校训同质性、重复性、口号性现象很严重。1990 年代以来，很多大学又纷纷恢复早期的古典校训，一些新兴大学也再次回到儒家经典世界来找寻、凝炼、创造自己的新校训。这些体现儒家精神的校训反映了儒家文化顽强的生命力，同时由于儒家在近现代饱受攻击与非难，能成为校训的这些儒家格言名句，也代表了儒家文化中那些能够跨越时空、富有永恒魅力的价值追求。因此，这些校训可以帮助我们认识儒家文化生生不息的核心精神和活的灵魂。这些富有儒家修身信念的大学校训对一代代学子的人生观、价值观产生了潜移默化的深远影响。

从西周德论系统看中华社会责任与个体价值观之确立

郭　沂　首尔国立大学

引　言

在今本《中庸》中，子思追述乃祖学术渊源道："仲尼祖述尧舜，宪章文武。"《汉书·艺文志》承其说，进一步指出："儒家者流，盖出于司徒之官，助人君顺阴阳明教化者也。游文于六经之中，留意于仁义之际，祖述尧舜，宪章文武，宗师仲尼，以重其言，于道最为高。"质之《论语》，孔子的确对尧舜推崇备至："大哉尧之为君也！巍巍乎，唯天为大，唯尧则之。荡荡乎，民无能名焉。巍巍乎，其有成功也！焕乎，其有文章！""巍巍乎！舜禹之有天下也，而不与焉。"（《论语·泰伯》，以下只注篇名）对文武之道更是盛赞不已："周监于二代，郁郁乎文哉！吾从周"（《八佾》）、"周之德，其可谓至德也已矣！"（《泰伯》）对于周礼的制订者周公，更是无比佩服，连做梦也想着他："甚矣吾衰也！久矣吾不复梦见周公！"（《述而》）看来，儒家之学，源远流长。不过，由于时代久远，文献不足，我们已经难窥尧舜之道的芳容了。幸而郁郁周文，典册尚存，金石时现，如能探赜索隐，庶几可得一二矣！

社会责任和个体价值并为儒学宗旨之所在。然这一思想，并非孔孟所首创，实为文武周公之遗教。殷商之时，民智未开，凡事一决于上帝，安得有社会责任与个体价值哉！至殷周之际，商之代夏、周之代殷的事实引起了政治精英和文化精英们的深沉思考，他们得出的最重要的结论，就是"天命靡常"。从《尚书·西伯戡黎》所载纣王"我生不有命在天"的反问看，天命有常是当时人们公认的观念。而现存文献所见最早发觉由人事而非天命导致"皇天上帝，改厥元子兹大国殷之命"（《尚书·召诰》，以下只注篇名）的，正是纣王的贤臣祖伊。他对纣王说："天既讫我殷命。……非先王不相我后人，惟王淫戏用自绝。故天弃我，不有康食。不虞天性，不迪率典。"（《西伯戡黎》）这段话透露出两层含义。其一，"天既讫我殷命"，意味着"殷命"是可以终结的，天命是可以改变的。其二，由于"王淫戏用自绝""不虞天性，不迪率典"（义为不节制天性，不遵守法典），最终导致了"天弃我""天既讫我殷命"。到了周初，周公明确地指出："假哉天命，有商孙子。商之孙子，其丽不亿。上帝既命，侯于周服。侯服于周，天命靡常。"（《诗经·大雅·文王》）"假"，大也。"丽"，数目。"不"，语助词。"侯"，乃也。诗句叙述了从商有天命，子孙兴旺，人口稠密，到臣服于周的过程，明确得出了"天命靡常"的结论。在《康诰》中，周公也表达了类似的看法："唯命不于常。"祖伊和周公之见，都意味着人的社会责任与个体价值的觉醒。

夏、商丧失天下的原因是什么呢？《召诰》一语中的："惟不敬厥德，乃早坠厥命。"原来，答案只在一个"德"字。正是这个结论，引发了周人对“德”的不懈探索，终于建构起一套煌煌德论系统。由此，中华社会责任与个体价值观得以确立。

一、外在之命、外在之德与人伦之德

问题恐怕需要从殷商宗教观念说起。我们知道，殷墟卜辞称至上神为“帝”，后来称为“上帝”。到了周代，至上神虽然仍被称为“帝”和“上帝”，但更多的情况下被称为“天”。何谓“天”？冯友兰提出，天有五义，即物质之天、主宰之天、命运之天、自然之天和义理之天。他认为：“《诗》《书》《左传》《国语》中所谓之天，除指物质之天外，似皆指主宰之天。《论语》中孔子所说之天，亦皆主宰之天也。”① 就是说，诸如命运之天、自然之天和义理之天都是孔子之后形成的。虽然这是到目前为止有关“天”的含义的最合理的论说，但窃以为仍有可商榷的空间。

“天”之诸义并不是一蹴而就的，而是有一个相当长的形成过程。“天”字已见于商代甲骨文，其本义就是头顶上的天空。因此，这个意义上的“天”，与其称为“物质之天”，不如称为“天空之天”更符合“天”的本义。不过，从殷周之际开始，“天”的其他义项都已逐渐出现，使其地位有了极大的提升，从而成为中国文化中的一个重要概念。首先，正如郭沫若所说，称至上神为“天”始于殷周之际②。这个作为至上神的“天”，

① 冯友兰：《中国哲学史（上册）》，中华书局1961年版，第55页。

② 郭沫若：《先秦天道观之进展》，见《郭沫若全集》历史编卷一，人民出版社1982年版。

就是冯友兰所说的主宰之天。此“天”是从商代的“帝”和“上帝”演变而来的，且在《尚书》中“天”和“帝”经常可以互用，因而称之为上帝之天或许更为确切。其次，在商代，帝虽然为至上神，但不具有生万物的功能。到了周代，“天”不但为至上神，而且还兼职为人与万物的产生者。如作于周公、成王时的《诗经·周颂·天作》曰：“天作高山，大王荒之。”这是说包括山川之内的大自然由天所生。另外，《诗经·大雅》中的《荡》和《烝民》都有“天生烝民”的诗句。这里的“天”，能够生育万物，为万物之母，乃宇宙之本，姑谓之本根之天。就对中国哲学的影响而言，在天之诸义中，当首推本根之天，可惜不在冯友兰的天之五义之中，亟需补入。再次，相传作于周公的《诗经·大雅·文王》曰：“上天之载，无声无臭。仪刑文王，万邦作孚。”这几句诗透露出三个重要信息。一是，虽然“上天之载，无声无臭”，但上天毕竟是人间规则的本原。二是，由于“上天之载，无声无臭”，所以人们要效法文王。三是，之所以效法文王，是因为文王体现了存在于“上天之载”的天则。因而，这个“天”就不仅仅是宇宙万物之本根了，更重要的是，它具有形式法则的意义、本体的意义，乃宇宙之最高法则，这就是冯友兰所说的“义理之天”。不过，我认为“义理”一词涵义稍嫌宽泛，用在这里恐不甚确切。因此，我倾向于称之为“本体之天”，以与表达宇宙之母的“本根之天”相对应。至于自然之天和命运之天，在殷周之际的文献中也有迹可循。如《西伯戡黎》有“不虞天性”（义为不节制天性）之语，其“天”字，可理解为“天生的”“天然的”，已带有自然之天的性质。又如《召诰》曰：“今天其命哲，命吉凶，命历年。”所述“吉凶”“历年”，后世归之为命运，故此“天”

字可视为命运之天。

综之，天有六义，包括天空之天、上帝之天、本根之天、本体之天、自然之天和命运之天，它们在殷周之际已经形成。因此，我们有理由相信，天在中国文化中的崇高地位，是在殷周之际确立的。

从殷墟卜辞看，上帝发挥其威力和权能的方式有“令”“降”“受（授）”等，其中“令”与“命”为同一个字，最为重要。因此，这些权能在广义上都可以归为“帝令”或“帝命”。鉴于作为至上神的“帝”与殷周之际以后上帝之天的关系，可以说甲骨文中的“帝令（命）”之说，便是周代“天命”思想的原始形态。

殷商的“帝令（命）”是“帝”“令（命）”于人间而非人自身的，我把这种“令（命）”称为外在之命。周代的“天命”观对这种形式的“命”的继承和发展主要表现在两个方面：其一，“令（命）”在商代仅用于动词，但到了周代，“命”除了用于动词外，还用于名词。用于名词的“命”或“天命”，即天之所“命”者。其二，也是更重要的一点，“命”的内容有所扩大，其中最引人注目的是政权之命的提出。

虽然同帝令（命）一样，天命也是自然界和人类社会的主宰，但周人所强调的重点是天命对人事的影响。他们认为，商的兴起和灭亡都是天命决定的：“天命玄鸟，降而生商”（《诗经·商颂·玄鸟》）①；“天降丧于殷，殷既坠厥命，我有周既

① 关于《商颂》的著作时代，王国维认为：“《商颂》盖宗周中叶宋人所作，以祀其先王。”见王国维：《观堂集林》卷二《艺林二·说商颂下》，第1册，中华书局1959年版，第117～118页。

受。”（《尚书·君奭》。以下只注篇名）[①] 这显然是甲骨卜辞中帝令（命）降邑、终邑观念的继续。不过，殷商可不是一般的“邑”，而是“大邦殷”，因而这里所谈的是作为天下共主号令天下的政权之变化。《君奭》的两个“命”字，都指天下政权。这句话是说，殷丧失政权和周获得政权，都是天命使然。

由于文王在周有天下过程中的卓越功勋，所以周人特别强调天命文王：“有命自天，命此文王。”（《诗经·大雅·大明》）在实物文献中，最早记载文王受命之说的是成王时期的《何尊》：“昔在尔考公氏，克逨文王，肆文王受兹大命。”[②] 稍后，康王时的《大盂鼎》亦云：“丕显文王，受天有大命。”（《殷周金文集成》2837）[③] 这里文王所“受”的“大命”，都是天命，也就是说天下政权。可以说，这个时期天命最重要的角色就是天下政权。随政权而来的，当然是人民和疆土：“皇天既付中国民越厥疆土于先王。”（《尚书·梓材》）这里的“付”，与“命”“受”同义。这是说周先王的人民和国土来自天命。

在这里，作为天下政权的“命”“大命”“民”“疆土”等等，都是天“命”于人间而非人自身的，因此都属于外在之命的范畴。

---

① 笔者认为，《尚书》各部分成书时代不一，其中只有《周书》属于原作，而《商书》是经后人加工整理的，其语言风格和部分思想观念和《周书》相近，故当定型于同时，即西周时期。故出于谨慎，本文将《汤诰》放在西周来讨论。至于《虞书》《夏书》，当由后人根据口头资料加以整理编纂，形成文字，其成书时代当在《周书》之后，但不晚于春秋初年。为谨慎起见，本文所引《尚书》限于《周书》。

② 此篇释文依据李学勤：《何尊新释》，载《中原文物》1981 年第 1 期；王占奎：《何尊铭文的释读与营建成周的纪年问题》，载《考古学研究》2011 年。下同。

③ 中国社会科学院考古研究所编：《殷周金文集成》，中华书局 2007 年版，数字为所收铭文序号。下引此书，简称《集成》，随文注出。

不管是甲骨卜辞中的“令（命）”“降”“受（授）”，还是周代的“命”“付”，都是从帝、天的角度来说的，表达了帝、天把自己的意志施加于人间的过程。从人间的角度看，其获知和承受帝、天意志的过程，也有一个特殊的表达方式，这就是“德”。

“德”是西周思想的核心概念，因而学者们对殷周之变以及西周思想的认识，往往是通过对“德”的剖析而展开的。何谓“德”？过去人们一般以之为道德、品德，这大概是受到许慎《说文解字》的影响。许氏据“德”的异体字“悳”解之：“外得于人，内得于己也。从直、心。”段玉裁注曰：“内得于己，谓身心所自得也。外得于人，谓惠泽使人得之也。”但徐复观考察的结果是：“这依然是后起之义。……周初文献的‘德’字，都指的是具体的行为；若字形从直从心为可靠，则其原义亦仅能是直心而行的负责任的行为；作为负责任行为的悳，开始并不带有好或坏的意思，所以有的是‘吉德’，有的是‘凶德’；而周初文献中，只有在悳字上面加上一个‘敬’字或‘明’字时，才表示是好的意思。后来乃演进而为好的行为。……‘敬德’是行为的认真，‘明德’是行为的明智。”①

诚如徐复观所说，《说文》“外得于人，内得于己也”的解释“是后起之义”。但事实上，他的“行为”之说，仍然“是后起之义”。晁福林根据甲骨文中“德”的字形提出：“其所表示的意思是张望路途，人们看清了路而有所得”；“从甲骨卜辞的记载看，殷人所谓的‘德’更多的是‘得’之意。在殷人看来，有所‘得’则来源于神意，是神意指点迷津而

① 徐复观：《中国人性论史（先秦篇）》，台湾商务印书馆1969年初版，1987年第8版，第23页。

获‘得’。”[①] 这才是“德”的本义。

外在之命是从帝、天之于人间的角度而言的。反之，从人间之于帝、天的角度而言，此种为人间所“德（得）”的“命”，则可谓之“外在之德”。由于殷商时期的“帝令（命）”都属外在之命，所以这个时期的“德”都是外在之德。值得特别说明的是，甲骨文中的“德”，基本上局限于晁福林所说的获得神启之义，尚未能同“命”字完全对应。换言之，除了神启之外，人间对“命”的承受，尚未被称为“德”，故“德”尚未成为一个重要的观念史概念。

就像周人继承和发展了殷商时期的“帝令（命）”观一样，他们也延续和弘扬了其“德”的思想。不仅如此，西周时期，“德”的内涵和外延都极大地扩充了，几乎所有的天之所“命”，都可以被作为人之所“德（得）”。如《梓材》在“皇天既付中国民越厥疆土于先王”之后接着说：“肆王惟德用，和怿先后迷民，用怿先王受命。”在这段文字中，首句“皇天既付中国民越厥疆土于先王”与末句“先王受命”相应，所言为同一事。从“皇天”之于“先王”的角度，为“付”，而在这里“付”可理解为“命”，故“皇天既付中国民越厥疆土于先王”，可理解为“皇天既命中国民越厥疆土于先王”。从“先王”之于“（天）命”的角度，为“受”。“受”，承受，在这里可理解为“德（得）”，故“先王受命”可理解为“先王德（得）命”。这样一来，“肆王惟德用”的“德”也就好理解了，乃周王所“德（得）”自“皇天”者，即“中国民越厥疆土”。可

① 晁福林：《先秦时期“德”观念的起源及其发展》，载《中国社会科学》2005年第4期，第192～204页。

见，这里的“德”，其实就是周王所“受”之“命”，“德”即“命”也。这些“德（得）”自“皇天”的“中国民越厥疆土”自然是外在于人的，故此“德”为外在之德。

正如周代外在之命最重要的内容就是天下政权一样，从天那里获得天下政权，也是这个时期外在之德的最重要的内容。《召诰》曰：“我不敢知曰，有夏服天命，惟有历年；我不敢知曰，不其延。惟不敬厥德，乃早坠厥命。我不敢知曰，有殷受天命，惟有历年；我不敢知曰，不其延。惟不敬厥德，乃早坠厥命。今王嗣受厥命，我亦惟兹二国命，嗣若功。”“服”，受也。在这里，“服”／“受”、“天命”／“命”、“德”三组概念相提并论，相互之间必有密切关联，值得玩味。“服天命”和“受天命”，都是指对政权的获得，因而“服”和“受”与作为动词的“德（得）”意思是一样的。作为名词，“不敬厥德”的“德”，一般理解为品德或德行。其实，在这里它指所“德（得）”（即所“服”、所“受”）自“天命”者，也就是“命”。此“命”乃天之所“命”而为人所“德（得）”者，此“德”为人之所“德（得）”而“命”于天者，“德”“命”一也，皆实指天下政权。因此，“不敬厥德”是指不敬畏其所“德（得）”的天命、政权。正是在这个意义上，周人才发出“不敬厥德”必然导致“早坠厥命”之叹。

《诗经·大雅·烝民》曰：“天生烝民，有物有则。民之秉彝，好是懿德。”毛传：“烝，众。物，事。则，法。彝，常。懿，美也。”① 在这里，作为“事”的“物”，指人间万事。作

① 李学勤主编，龚抗云等整理：《十三经注疏·毛诗正义》，北京大学出版社1999年版，第1218页。

为“法”的“则”，指人间万事的法则，即人伦道德，而“懿德”，也就是“物”之“则”，即作为人间万事法则的人伦道德。“秉彝”之“彝”与“有物有则”以及“懿德”所指相同，仍然指人伦道德，只是由于其为民众执秉之常道常德，故谓之“秉彝”。万事万物既然为天所生，故人类社会及其规范制度亦来自天，这正是《烝民》之诗所要表达的意思。换言之，在诗的作者看来，不但“烝民”为天所生，而且“物”“则”“彝”“懿德”也都是天生的。值得引起我们注意的是，在天生此“则”“彝”“懿德”的过程中，是没有人性这个环节的。也就是说，天是将此“则”“彝”“懿德”直接降生于“物”亦即人间万事的，因而它们是外在于人的，应归为外在之德的范畴。这种由天所降属于外在之德的人伦规范和社会制度，可称为人伦之德。在各种外在之德中，人伦之德最具思想史意义，所以值得特别强调。

《烝民》之诗作于周宣王时的尹吉甫，这表明人伦之德的观念至迟在西周晚期就已经出现了。但如果我们将目光转移到青铜铭文，就会将这个时间提前到西周中期。如《钟》：“曰古文王，初盭龢于政。上帝降懿德大甹（屏），匍（抚）有四方，匌受万邦。”（《集成》251）这段话的大意是，文王安定万民，协合政事。上帝降“懿德”于他以力助之，让他拥有天下，会盟万邦。显然，此“懿德”乃上帝降于文王“初盭龢于政”之后，因而不可能是与生俱来的本性。在这里，“降”与“命”同义，属外在之命，而“懿德”则是作为人伦规范和社会制度的外在之德、人伦之德。

沿着这个线索往前回溯，我们终于在成于殷周之际的《洪范》中找到了人伦之德的源头，这就是上引出自箕子之口的上天赐给大禹洪范九畴一事。九畴既然为“洪范”，当然是外在的规范法则，而它们皆为天所赐，为禹所得，故其性质为外在之德。其中与“德”相关的，当然是第六类“乂用三德”。其具体内容为：“六，三德：一曰正直，二曰刚克，三曰柔克。平康正直，强弗友刚克，燮友柔克。沉潜刚克，高明柔克。”孔安国传曰：“治民必用刚、柔、正直之三德。”① 看来，“正直”“刚克”“柔克”三德，皆君主之德，是三种治民法则，应归之于人伦之德的范畴。

二、内在之命、内在之德与人性之德

殷周之际本根之天、本体之天的提出，将天与人的各种内在因素连在一起了，这对“命”和“德”这两个当时思想界的核心范畴产生了重大影响，其结果是促成内在之命与内在之德观念的形成。

根据本根之天和本体之天的观念，世间一切都由天所生，因而世间一切也都由天所命，正如《礼记·祭法》所说：“大凡生于天地之间者，皆曰命。”因而，人与生俱来的各种内在因素，亦由天所命。由于这些因素皆内在于人，因而这种命，为内在之命。与之相应，这些“德（得）”自内在之命的各种内在因素，便是内在之德。

周人对内在之命与内在之德的看法，最值得重视的是《召诰》中召公的一段话：“王乃初服。呜呼！若生子，罔不在厥初

① 李学勤主编，廖名春、陈明整理：《十三经注疏·尚书正义》，北京大学1999年版，第299~312页。

生，自贻哲命。今天其命哲，命吉凶，命历年。知今我初服，宅新邑，肆惟王其疾敬德。王其德之用，祈天永命。”孔安国传曰：“言王新即政，始服行教化，当如子之初生，习为善，则善矣。自遗智命，无不在其初生，为政之道，亦犹是也。今天制此三命，惟人所修。修敬德则有智，则常吉，则历年，为不敬德则愚凶不长。”这里的关键问题是，天之所“命”是先天的，还是后天的。孔安国认为是后天的。按照他的理解，一个人如果能够“修敬德”，那么天就会“其命哲，命吉凶，命历年”于他，否则，一个人如果“为不敬德”，那么天就会“命”愚、凶和不长于他。平心而论，站在周代宗教观的立场上，天根据一个人的道德操行对其赏罚从而“命吉凶”“命历年”或“命不长”于他尚可理解，但如果说一个人的愚智也是天根据其后天道德操行而“命”于他的，就说不通了。作为一种天赋，愚智是天生的，不是后天习得的。当然，后天的学习会使人变得聪明，但这和人的道德操行没有关系，天也不可能根据一个人的道德操行而“命哲”或“命愚”于他的，这是妇孺皆知的常识。因此，《召诰》的天之所“命”，包括“其命哲，命吉凶，命历年”，都是先天的。也就是说，一个人的愚智、吉凶和夭寿，都是在其出生的时候由天所“命”的。

“今天其命哲，命吉凶，命历年”中的三个“命”字，都是从天之于人的角度而言的。其下两句“知今我初服，宅新邑，肆惟王其疾敬德。王其德之用，祈天永命”中的两个“德”字正与三“命”相应，因而是从人之于天的角度而言的。愚智、吉凶、夭寿等皆为人生而即有的天赋、命运、寿限，内在于人，因而这里的“命”为内在之命，“德”为内在之德。

对于《召诰》的“命哲”说，徐复观曾经提出独到见解：

“人既是由天所生，人的一切，都是由天所命，而此时已有道德性地人文精神的自觉，则人的道德根源，当亦为天所命。所以《召诰》说‘今天其命哲，命吉凶，命历年’。‘命哲’，乃是天命的新内容，此一观念，为从道德上将人与天连在一起的萌芽，这是‘人由天所生’的应有的涵义。……但此时‘命哲’的天命，尚未进入到人的性里面。……因此，这依然只能算是性善说的萌芽；和真正性善说的成立，还有一段相当远的距离的。”① 但依上文的分析，此处的“哲”乃就人的愚智天赋而言的，不具有道德属性，因而“命哲”说并未透露“道德性地人文精神的自觉”“道德根源”乃至“性善说的萌芽”等信息。

那么，“命哲”是否像徐复观所说“尚未进入到人的性里面”呢？我们先来看他对“性”的定义：“由现在可以看到的有关性字早期的典籍加以归纳，性之原义，应指人生而即有之欲望、能力等而言，有如今日所说之‘本能’。”②据此，“哲”既然为天所命，为人所“德（得）”，且属人生而即有的能力，显然已经“进入到人的性里面”了。因此，我们完全可以说，这个“哲”字，已然是人性的范畴了。《庄子·天地》云：“物得以生谓之德。”《淮南子·齐俗训》亦云：“得其天性谓之德。”我以为，周代文献中论及“德（得）”自天的个体天性之“德”，皆内在之德，也就是人性。这种作为人性的内在之德，可称为人性之德。就思想史意义而论，人性之德是最重要的内在之德。

如果用善恶的道德标准来衡量，“哲”作为天赋和生而即有

---

① 徐复观：《中国人性论史（先秦篇）》，第31～32页。

② 徐复观：《中国人性论史（先秦篇）》，第5页。

的能力，是不具有善恶属性的。这是人性之德的第一种类型。否定了“哲”的道德属性，是否就意味着西周就不存在“道德性地人文精神的自觉”“道德根源”乃至“性善说的萌芽”呢?回答又是否定的。其实，周人对作为“道德根源”的性已经做了开创性的探索。

这种探索首先体现在《诗经》对周先王的歌颂中。《大雅·皇矣》：“维此王季，帝度其心。貊其德音，其德克明。克明克类，克长克君。王此大邦，克顺克比。”① 孔颖达疏：“《释诂》云：‘貊，莫，定也。’郭璞曰：‘皆静定也。’”② 我以为，若“貊”释为“定”为可靠，那么此处之“定”当为决定、确定之“定”，与“命”“降”相当。至于“德音”，当为偏义复词，只用“德”义，“音”为陪衬。这个用作动词的“明”，当为彰明、显明之“明”。既然“其德克明”，那么此“德”显然为内在之德。郑玄《毛诗笺》曰：“类，善也。”③ 既然此“德”显明为善，那么它一定是美善的人性之德，即善性。

《皇矣》又曰：“帝谓文王，予怀明德。”毛亨传：“怀，归也。”此“怀”字当与《诗经·桧风·匪风》“谁将西归，怀之好音”之“怀”字相同。毛传亦将其释为“归也”。吴闿生《诗义会通》：“传以怀为归。归者，馈遗之义。”④ 据此，“予怀明德”是说上帝将“明德”馈遗给文王。也就是说，这个

---

① 《大小雅谱》称：“文王受命，武王遂定天下。盛德之隆，大雅之初，起自《文王》，至于《文王有声》，据盛隆而推原天命，上述祖考之美。”孔颖达正义进一步指出，《皇矣》等篇乃“文王崩后作之。”见李学勤主编，龚抗云等整理：《十三经注疏·毛诗正义》，第540页。

② 李学勤主编，龚抗云等整理：《十三经注疏·毛诗正义》，第1027页。

③ 李学勤主编，龚抗云等整理：《十三经注疏·毛诗正义》，第1026页。

④ 吴闿生：《诗义会通》，中西书局2012年版，第124页。

“怀”字与“命”“降”同义，“明德”乃上帝所命而为文王所“德（得）”之“德”。作为偏正词组的“明德”，义为光明的“德”、光辉的“德”，当然属于美善性质的“德”。这种美善的、个体性的、由天所命的“德”，当然就是人性之德，就是善性。据此，我们可以把这里的“明德”理解为光明的善性、光辉的善性。

我们在《周颂·维天之命》中还读到：“维天之命，于穆不已。于乎不显，文王之德之纯。”孔颖达正义：“《中庸》引此诗云：‘于乎不显，文王之德之纯。盖曰文王之所以为文也，纯亦不已。’……当谓德之纯美无玷缺，而行之不止息也。”① 由于这种“纯美无玷缺”的“德”属于文王个人，又来自“天之命”，所以它一定是人性之德，是善性。

其次，西周的青铜铭文也留下了当时探索善性的踪迹。如西周中期的《貟仲觶》曰：“貟仲乍（作）倗生（甥）饮壶，匄三寿、懿德、万年。”（《集成》6511）这段文字是貟仲为其子孙后代所作的祈祷，祈求上天赐给他的子孙后代高寿、“懿德”和万年繁衍。“懿”字表明，此“德”为美善之“德”，而它又是由天所赐的个体之“德”，因而就是人性之德，就是善性。西周晚期的《毛公鼎》曰：“丕显文、武，皇天引猒（厌）厥德，配我有周，膺受大命。”（《集成》2841）《广雅》曰：“引，伸也。”《方言》卷十二“考，引也”钱绎笺疏：“引之言延也。”愚见认为，“引”在这里是描述皇天赋予文、武之“德”的过程。《集韵》：“厌，足也。”“皇天引厌厥德”，是说皇天赋足文王、武王之“德”。从“配我有周，膺受大命”之语看，此

① 李学勤主编，龚抗云等整理：《十三经注疏·毛诗正义》，第1285页。

“德”是美善的。看来，此“德”具备美善、个体性、由天所命等特征，无疑就是人性之德，就是善性。

可见，上述《诗经》和金文中的“德”“懿德”“明德”，都属于徐先生所说的“道德性地人文精神的自觉”“道德根源”。在我看来，它们不仅仅是“性善说的萌芽”，而且已经是典型意义的性善说了。这是人性之德的第二种类型。

既然人由天所生，人的一切都来自天命，那么人性中丑恶的一面也来自天命。对此《周书》的《立政》《多方》《无逸》等篇主要是以夏桀和殷纣王这两位暴君的“德”为典型的而展开讨论的。我认为，这些“德”字皆就生而即有的性情、欲望、本能而言的，由于它们皆“德（得）”自天命，故亦为人之“德”，如“暴德”为残暴的性情，“逸德”为放纵的性情，“凶德”为凶恶的性情，“酒德”为嗜酒的性情。至于“桀德”“受德”，则分别指夏桀和殷纣王受之性情。

看来，周人不仅提出了性善之说，而且对人性之恶，也提出了深刻的见解。我们不得不承认，这里的“暴德”“逸德”“凶德”“酒德”“桀德”“受德”等等，已然是性恶论的范畴了。这是人性之德的第三种类型。

可见，早在西周时期，人们不但提出了人性问题，而且已经认识到人性中善、恶和非善非恶的三种基本倾向了，这正是后代性善、性恶、性无善恶等论的滥觞，而数百年后老子以“德”为性，良有以也。许多学者业已指出，殷商甲骨文中的“德”字皆无心旁，而周代青铜器铭文中的“德”字却多从心旁。我以为这与从人性的角度认识“德”的现象存在着异乎寻常的关联，其情形类似于用作“性”的“生”字增加心旁构成“性”的字形。

三、行为之德、品行之德与治理之德

《吕刑》曰："惟克天德，自作元命，配享在下。"克，肩任也，这里指践行。元，善也。这句话是说，只有能够践行"天德"，自为善命，才可以配天享禄于下。顾名思义，所谓"天德"，乃"德（得）"自天的"德"，当含外在之德/人伦之德和内在之德/人性之德两个方面。

诚然，不管外在之德还是内在之德，都是自在的、客观的，若非"克天德"，其对提升和改善人的现实生活来说，就毫无意义，故曰"惟克天德，自作元命，配享在下"。那么，怎么样才能"克天德"呢？唯一的途径是借助心的作用、心的力量！从甲骨文看，殷商时期不但出现了"心"字，而且已经造出了大量从心的字，这说明殷人对心及其相关功能有了相当深入的了解。随着思维的发展和时代的需要，周人对心有了更加深入的体认，这正是他们落实"克天德"理念的利器。

心"克天德"的方式是多种多样的。首先，"好德"。《烝民》的"好是懿德"是通过心的力量"克天德"的方式。其二，"敬德"。从上文的讨论看，"德"本来指"德（得）"自天者，其实质，是"德（得）"自天的"命""天命"，而不是徐复观所说的行为。这样，"敬德"也就自然不是他们所谓的"行为的认真"或"警惕行为"，"明德"也不是"行为的明智"。"敬"的本义为"儆（警）"，义为儆惧戒惕。所谓"敬德"，即敬畏"天"之所"命"，亦即"德（得）"自"天"的"德"，也就是敬畏天命。对"德"的敬慎，又可以表达为"恭德"（《何尊》）、"恭明德"（《君奭》）、"共（恭）明德"（见西周晚期的《叔向父禹簋》,《集成》4242)、"慎明德"（《文侯之命》）等。这几个"明德"用在动词"恭""慎"之后，皆为偏正词组名词，指光辉的善性。其三，"明德"，即作为动宾词组的"明德"。这种"明德"观念可以追溯到上引武王时期《诗经·大雅·皇矣》"维此王季，帝度其心。貊其德音，其德克明"的诗句。从字面意思看，"其德克明"只表达了内在德性呈现的可能性，至于呈现"德"的过程，周人多用"明德""明厥德""明尔德"等来表示。其四，"哲厥德"。此说多见于西周中后期的钟鼎文。如：

> 《梁其钟》："丕显皇祖考穆穆异异，克哲厥德，农臣先王，得纯无愍。"（《集成》187～192）
>
> 《师望鼎》："丕显皇考宄公，穆穆克明厥心，哲厥德，用辟于先王，得纯亡愍。"（2812）
>
> 《番生簋差》："丕显皇祖考，穆穆克哲厥德，严在上，广启厥孙子于下。"（集成4326）；
>
> 《逨盘铭》："逨曰：丕显朕皇高祖单公，桓桓克明哲厥德。"①

《说文》："哲，知也。"因而，所谓"哲厥德"，就是认识、了解、明察人们所拥有的"德"。

人的一切行为受制于心，因而心对"德"的认识和态度必然会表现在行动上，转化为行为。其实，心态和行为往往是难舍难分、互为表里的，甚至是一而二、二而一的。如"好德"

① 见刘源：《逨盘铭文考释》，载《中国史研究》2003年第4期，第17页。

必然导致人们以人伦之德即各种伦理规范为自己行动的准则，其表现为行为，是直截的和自然而然的。“敬德”之“敬”，既是一种心态，也是一种行为。而“恭明德”“慎明德”之“恭”“慎”都是状语，乃恭敬的样子、谨慎的样子。所谓“……的样子”，就是对人的行为的描述。至于“穆穆克哲厥德”和“桓桓克明哲厥德”之“穆穆”“桓桓”，更是典型的状事之词，表达先祖“哲厥德”时庄敬、威严的样子和行为。“明德”是善性的呈现、显发，必然反映在行为上。至于“哲厥德”，既然是对“德”的认识，那么其认识的结果必然表现在行为上，后世所说的“知行合一”就是这个道理。

这种由“好德”“敬德”“明德”“哲厥德”等对待“德”的态度而自然表现出来的行为，周人也称为“德”。这才是徐复观所说的作为“行为”的“德”，可谓之“行为之德”。由于这些对待“德”的态度，不管是对待美善之德的态度，还是对待凶恶之德的态度，都是出于美善的目的，因而这些由对待“德”的态度而自然表现出来的行为，都是美善的、积极的。因此之故，行为之德多是美善的和积极的。

我们在《周书》中，经常可以读到将“心”“德”对举的文句，如“朕心朕德，惟乃知”（《康诰》）、“丕则敏德，用康乃心，顾乃德”（同上）等。这些与“心”对举的“德”，皆指行为。孔颖达《泰誓》正义曰：“‘心’谓谋虑，‘德’谓用行。”[①] 此释堪称“心”“德”之正解。

正如《荀子·劝学》所说“积善成德”，美善的行为连续不断地积累与坚持，便自然转化为习惯，凝结为品行，提升为

① 李学勤主编，廖名春、陈明整理：《十三经注疏·尚书正义》，第277页。

美德。故西周之“德”又衍生出品行之义，尤其指美德，可谓之“品行之德”。

《吕刑》曰：“尔尚敬逆天命，以奉我一人！虽畏勿畏，虽休勿休，惟敬五刑，以成三德。”周秉钧解云：“本文‘敬逆天命以奉我一人’，言敬也；‘虽畏勿畏’言正也；‘虽休勿休’，言勤也。三德盖即指敬顺、正直、勤劳之三德。”① 敬顺、正直、勤劳皆为品行，因而《吕刑》谓之“三德”，这是“德”为品行之明证。

有时候，周人在这种用作美善品行的“德”之前加上“懿”“好”“孔”“明”“元”等定语。其见于经典者，如相传作于周公的《诗经·周颂·时迈》一诗曰：“我求懿德，肆于时夏。”又如，《洪范》曰：“凡厥庶民……而康而色曰：‘予攸好德。’汝则锡之福。”其见于铜器者，如：“臣朕皇考穆王，用乃孔德逊纯”（《师鼎》。《集成》2830）；“不敢弗帅井（型）祖考，秉明德，恪夙夕，佐尹氏”（《钟》。《集成》250）；“余小子肇帅型朕皇考懿德，用保奠”（《单伯昊生钟》。《集成》82）“番生不敢弗帅型皇祖考丕丕元德，用申恪大命，屏王位，虔夙夜”（《番生簋盖》。《集成》4326）；“丕显皇考惠叔，穆穆秉元明德，御于厥辟，得纯亡愍”（《虢叔旅钟》。《集成》238）。《广雅·释言》：“乃，汝也。”《玉篇》：“孔，嘉也。”《广韵》：“逊，恭也。”“元”，善也。从“乃孔德”“帅型祖考，秉明德”“帅型朕皇考懿德”“帅型皇祖考丕丕元德”“丕显皇考惠叔，穆穆秉元明德”等表达方式来看，这里所谈的“德”都是个体性的，因而为品行之德，而非人伦之德。“秉明德”之“明

① 周秉钧：《尚书易解》，华东师范大学出版社 2010 年版，第 280 页。

德”，犹言光辉的美德。“懿德”，犹美德。“元德”指美善的品行。

晁福林认为：“思考和处理人际关系问题的道德观念，在春秋时期已经萌动。……从春秋中期开始，‘德’逐渐用来说明人的品德、操守。”① 但从上述考察看，西周时期包括“孔德”“明德”“懿德”“元德”在内的品行之德已然成为“用来说明人的品德、操守”的范畴了，更不用说作为“思考和处理人际关系问题的道德观念”的人伦之德早已显见于殷周之际。

周人发现，政治人物的品行，特别是其政治美德，一定表现在其政治活动和政治功业上，这样一来，西周时期的“德”又兼涵政治活动和政治功业的意味。如《吕刑》曰：“皇帝清问下民鳏寡有辞于苗。德威惟畏，德明惟明。乃命三后，恤功于民。伯夷降典，折民惟刑；禹平水土，主名山川；稷降播种，农殖嘉谷。三后成功，惟殷于民。士制百姓于刑之中，以教祗德。穆穆在上，明明在下，灼于四方，罔不惟德之勤，故乃明于刑之中，率乂于民棐彝。”通读整段文字就会发现，两个“德”字固然首先是尧的品行与美德，但尧的政治活动和政治功业也是其不可分割的重要内容，“乃命三后，恤功于民”以下便是具体描述。

将这种兼涵政治美德、政治活动和政治功业的“德”应用于现实政治生活中，便自然形成一种治理方式。这种治理方式，周人亦称之为“德”，可谓之“治理之德”。这正是后来儒家德治思想的滥觞。

《周书》中有些作为偏正词组的“明德”也是就治理之德

① 晁福林：《先秦时期“德”观念的起源及其发展》，第 192～204 页。

而言的，义为光辉的德治。如《召诰》曰："予小臣敢以王之雠民百君子越友民，保受王威命明德。""保"，安也。这是召公自称他本人和殷遗民以及顺从我周的人民共同安受成王威严的政令和光辉的德治。这句话提到君臣关系、"威命"和"明德"，皆就社会治理立论。《君陈》曰："至治馨香，感于神明。黍稷非馨，明德惟馨尔。""至治"，为最好的治理状态，理想社会，当然是就社会治理而言的。

同样，有些"懿德"亦当作如是观，义为美好的德治。如作于共王八年的《师訊鼎》："王曰：'……乃用心引正乃辟安德。惟余小子肇淑先王德……用型乃圣祖……事余一人。'拜稽首，……伯亦克款由先祖，众孙子一嗣皇辟懿德，用保王身。"①（《集成》2830）这段文字由共王赞扬师能够全心全意引导匡正其君穆王安于德引起，所谈的是政事，因此这里的三个"德"字皆就治理之德而言的。《周书》中在谈到"用德""用明德"等熟语时，多涉周王政事，故所提到的"德"多为治理之德，《说文》："用，可施行也。"因而，作为"用"的宾语，这些"德"字具有可操作性，这正是治理之德的特性。

四、西周德论系统综论

通过以上梳理，由外在之德、人伦之德、内在之德、人性之德、行为之德、品行之德和治理之德构成的西周德论系统已经隐然浮现。以心为界，此七德又可大致地分为两类，心之上

① 释文参考了王慎行的《师訊鼎铭文通释译论》，载《求是学刊》1982 年第 4 期，第 53 ~61 页。

的外在之德、人伦之德、内在之德、人性之德为一类，具有客观、潜在、超验等特征，可谓之潜德；心之下的行为之德、品行之德和治理之德为另一类，具有主观、显在、经验等特征，可谓之显德。

这套德论系统犹如滔滔巨流，浇灌着三千年前思想王国的沃土。不正是这样吗？外在之德和内在之德像分别通过外在之命和内在之命发源于上天的两个水系，而人伦之德与人性之德则分别是这两个水系的干流，经过心的作用，这两个水系重新汇合到一起，形成由行为之德、品行之德和治理之德构成的宽阔河道。在这条巨流中，天是源头，分别以人伦之德、人性之德为干流的外在之德和内在之德两个水系为上游，行为之德、品行之德和治理之德构成了下游的三个河段，而介于上下游之间的心，犹如一个水利枢纽，将诸潜德转换、实现为诸显德。

值得注意的是，虽然我们将这条巨流划分为若干个段落，但事实上从源头到上游再到下游及其不同河段之间的过渡都极其自然，了无痕迹，没有明确的界线。职是之故，有时候我们很难分清某个“德”字属于上游，还是下游的某个河段，抑或整条河流。例如，周人一方面推文王为开国之君，文王得天命即意味着周有天下，另一方面又多藉文王来阐述作为人性之德的善性，故文王之“命”和文王之“德”具有外在之命、外在之德与内在之命、内在之德双重含义。又如，在《豳公盨》中出现的六个“德”字中，第一个即“监德”之德，既然能够为天所“监”，应该指看得见的行为，即禹的行为。不过，由于作为行为的“德”会提升为品行，而作为天子，禹的行为和品行无疑具有政治意义，因此这个“德”字又含有品行之德和治理之德的意味。第二和第三个“德”字，即“厥贵唯德，民好明德”中的“德”，既然为民之所“好”，则应为治理之德。第四个“德”即“益降懿德”之“德”，当与第五个“德”即“心好德”以及第六个“德”字即“民唯克用兹德”之“德”一样，都是人伦之德。不过，从整体上看，本铭文旨在强调德治。在这个意义上，所有六个“德”字都是为德治主题服务的，因而都带有德治和与之相应的治理之德的色彩。

因此，从词义学的角度看，我们可以把德的不同类型和层面看作西周时期“德”的不同义项。在当时的文献中，“德”有时为其中的某一个义项，有时为其中的若干个义项，也有时为八个义项的总称，其具体含义视上下文而定。

“德”字字义的丰富性，决定了由其构成的词组的含义也是富有变化的。仅就上文的讨论看，作为偏正词组的“明德”，有时指光明的善性，有时指光明的美德，有时指光明的德治；作为动宾词组的“明德”，有时指显明善性，有时指发扬美德，有时指弘扬德治。“懿德”有时指善性，有时指美善的人伦，有时指美德，有时指美好的德治。可见，“明德”“懿德”等都具有丰富的意蕴，都是多义词。

另外，动宾词组“秉德”也是当时的熟语，其见于《周书》者如：

> 天惟纯佑命，则商实百姓。王人罔不秉德，明恤小臣，屏侯甸。(《君奭》)
>
> 亦惟纯佑，秉德迪知天威，乃惟时昭文王。(《君奭》)
>
> 非我有周秉德不康宁，乃惟尔自速辜。(《多方》)

见于钟鼎者如：

> 景淑文祖、皇考，克哲厥德，得纯用鲁，永终于吉，不敢弗帅用文祖、皇考，穆穆秉德。（《井人钟》，《集成》111）

《说文》曰："秉，禾束也。从又，持禾。"由此本义，"秉"引申出秉持、操守、遵循之义。据此，可用作其宾语的"德"字有人伦之德、品行之德和治理之德，其具体含义要视上下文而定。上引《君奭》第一段孔安国传："殷礼配天，惟天大佑助其王命，使商家百姓丰实，皆知礼节。自汤至武丁，其王人无不持德立业，明忧小臣，使得其人以为蕃屏侯甸之服。"① 第二段孔安国传："文王亦如殷家惟天所大佑，文王亦秉德蹈知大威，乃惟是五人明文王之德。"② 在他看来，这两段中"秉德"的主语都是文王。《多方》"秉德"的主语，已明言"有周"，当亦为周王。从这个情况看，这三个"德"字当兼含人伦之德、品行之德和治理之德三义。最后一段金文，乃井人追述其祖先德业，并表示自己以祖先为典范诚敬"秉德"之事，因而其所"秉"之"德"当为其祖先的美德。

五、社会责任与个体价值之确立

涉及殷周之际的思想，就不可避免地触碰另一个重大学术史问题，这就是殷周之变。对此，孔子早就有言："周因于殷

---

① 李学勤主编，廖名春、陈明整理：《十三经注疏·尚书正义》，第442～443页。

② 李学勤主编，廖名春、陈明整理：《十三经注疏·尚书正义》，第445页。

礼，所损益可知也。”（《为政》）就是说，殷周之“礼”是一脉相承的（“因”），只是有所革除（“损”）和发展（“益”）而已。对于这一成说，一百年前王国维在《殷周制度论》一文中发起挑战：“中国政治与文化之变革，莫剧于殷周之际。……殷周间之大变革，自其表言之，不过一姓一家之兴亡与都邑之移转；自其里言之，则旧制度废而新制度兴，旧文化废而新文化兴。”① 此论一出，立刻被奉为圭臬，影响巨大，占据学术界的主导地位。不过，随着考古资料的日益丰富和商周史研究不断深入，越来越多的史学家从分封制、继承制、宗法制等诸多方面对这一学说提出质疑。

这一趋势同样反映在作为历史分支的观念史研究中。总的说来，殷周时期主要有两股思潮，一是宗教，二是人文。套用王国维的话说，前者代表“旧文化”，后者代表“新文化”。受王国维“旧文化废而新文化兴”论断的影响，学者们认为殷周之际是一个宗教废而人文兴的时代。如20世纪30年代郭沫若在其《先秦天道观之进展》一文中指出：“周人根本在怀疑天，只是把天来利用着当成了一种工具，但是既已经怀疑它，那么这种工具也不是绝对可靠的。在这儿周人的思想便更进了一步，提出了一个‘德’字来。……根本的主意是‘人定胜天’，便是要把人的力量来济天道之穷。”② 就像史学界对王国维之说提出质疑一样，近年来研究观念史的学者也开始摒弃这种思路，转而认为殷周之际宗教和人文两种思潮之间存在着错综复杂的

① 王国维：《殷周制度论》，见《观堂集林》卷十，第2册，中华书局1959年版，第451～480页。

② 郭沫若：《先秦天道观之进展》，第335～336页。

密切关系。

纵览德论巨流，不难发现，宗教与人文主义构成了一张富有变化的色谱图，越接近源头，宗教的色彩越浓，人文主义的色彩越淡；反之，越接近下游，人文主义的色彩越浓，宗教的色彩越淡。天之六义在西周德论系统中真正起着建设性作用的是上帝之天、本根之天和本体之天。如上所述，殷商时期作为至上神的“帝”和“上帝”是周代上帝之天的前身，除了作为本义的天空之天外，天的其他义项都是从上帝之天衍生出来的。这样一来，西周时期的上帝之天在天之诸义中仍然具有至高无上的地位。上帝之天统摄天之诸义，包括本根之天、本体之天在内的天之诸义皆含摄于上帝之天之内，甚至可以说是上帝之天的不同职能。人性之德和人伦之德皆直接从为上帝之天所统摄的本根之天和本体之天开出，其宗教色彩仍然十分浓重，但其人文主义色彩已经开始呈现。作为中间环节的心一方面由天所生，直接来自本根之天，因而天生就带着宗教的色彩；但另一方面它又是人的主观能动性的承载者、实施者，因而是人文主义的直接来源。至于行为之德、品行之德和治理之德，皆由心生，是人的创造物，虽然出身于天的家族，无法洗清其宗教色彩，但本根之天和本体之天毕竟是其隔代祖先了，其宗教色彩无论如何也掩盖不住其人文主义基色。

这就是说，在西周的思想世界，宗教和人文主义属于同一条河流、同一个家族。作为至上神的上帝之天是这个家族的始祖，而作为人文主义的行为之德、品行之德和治理之德则是祂的后代，故而西周时期的人文主义与宗教之间的关系实在难分难解、纠缠不清，甚至可以说你中有我，我中有你，以致合而为一、融为一体。

至此，孔子与王国维之争以及近代以来关于殷周之际宗教废而人文兴判断的是非曲直也就逐渐明朗了。殷商的帝、上帝乃至西周的上帝之天固然是宗教的范畴，而西周的行为之德、品行之德和治理之德又显然属于人文主义，就此而言，殷周之际确实存在新旧文化的关系问题。但事实并非像王国维所说的那样“旧文化废而新文化兴”，而是“新文化兴于旧文化”、“新文化兴而旧文化未废”或“新旧文化融为一炉”，这正是孔子“周因于殷礼，所损益可知也”的论断所表达的真实情形。

其实，西周时期以行为之德、品行之德和治理之德为主要内容的人文主义，所体现的正是人的社会责任和个体价值。此三德都具有社会责任和个体价值两个方面的特质，但侧重点有所不同，其中行为之德凸显个体价值，治理之德倚重社会责任，而品行之德则介于两者之间。因此，行为之德、品行之德和治理之德的形成，意味着中华社会责任与个人价值观的确立。

从表面看，人文主义是作为宗教的对立面而出现的，社会责任与个人价值观确立的过程，是人的主体意识从宗教的束缚中挣脱出来的过程。但吊诡的是，另一方面，人文主义又是宗教的派生物，社会责任与个人价值观确立的过程，又是宗教家族繁衍的结果。从哲学上，我们甚至可以说统摄本根之天和本体之天的上帝之天以及带有浓重宗教色彩的人性之德和人伦之德是社会责任与个体价值观的形上学基础。

愚见以为，中国的形上学由本原论和人性论两部分组成，其中本原论包含世界之本真、宇宙之根源两个方面，对二者的探讨分别相当于西方的本体论和宇宙论。衡之西周德论系统，作为源头的天属于本原论的范畴，本根之天和本体之天正是本原论的两个组成部分。如此看来，西周的天论已经是成熟的、典型的本原论了。中国哲学史上形形色色的本原论，无不溯源于此。

人性之德和人伦之德都由天所命，都是看不见摸不着的超验之物，因而都处在超越的、形而上的层面。尽管如此，人性之德与人伦之德的超越性是有着本质不同的。前者存在于人自身，是内在而超越者，而后者虽然也存在于人间，但在人之外，是外在而超越者；前者侧重于个体价值，后者侧重于社会责任。

原来，西周德论系统是紧紧围绕确立社会责任与个体价值这个主题而展开的，难怪孔子发出“周之德，其可谓至德也已矣”之叹！

古典儒学关于宇宙时空和个体命运的思考

贾晋华　香港理工大学

爱因斯坦的相对论中有一个重要的概念，即时间和空间的不可分离性，现代物理学家特意创造了“空时”（space-time）一词来表达这一概念。如同学者们已经指出，古代中国人已经认为时间和空间是不可分离的，表达为“宇宙”一词的内涵。宇宙一般译为 universe 或 cosmos，然而“宇”指空间，“宙”指时间，故宇宙也可以准确地译为 space-time。当然，中国古人所理解的时空一体与现代物理学家的理论并不一样，但是这一传统的宇宙观确实有助于 20 世纪中国学者接受爱因斯坦的相对论。① 此外，虽然中国传统的时空一体观念并未引向如同现代物理学的科学探索，但这一观念在中国思想史上十分重要，为传统宇宙论的构建及有关个体生存的思考提供了基本的框架。

---

① 主要可参看方东美：《中国人的宇宙论的精义》，见蒋国保、周亚洲编《生命理想与文化类型》，中国广播电视出版社 1992 年版，第 134 页；戴念祖：《爱因斯坦在中国及其创建相对论的背景》，载《物理》2005 年第 7 期，第 476 ~ 479 页。有关中国接受爱因斯坦及其相对论的全面研究，参看 Danian Hu（胡大年），*China and Albert Einstein*: *The Reception of the Physicist and His Theory in China* , *1917 – 1979*（Cambridge, Mass. : Harvard University Press, 2005）.

本文首先讨论中国古代时空一体及其与人类社会紧密关联的宇宙论；其次考察处于中国宇宙论核心的天命观，描述这一观念如何从伦理政治权威逐渐扩展至个体命运；最后集中于孔子的知命说和孟子的立命说，阐明其目标在于通过调和天与人、命定与自主、社会角色与个体价值等张力，建立个体在无穷宇宙时空的永恒位置。这一观念激励了无数后来的儒士自主地选择其人生目标和使命，为社会和人类的发展做出贡献。面对当今世界的各种危机及人类持续性发展的难题，古典儒学的这一观念仍然具有重要意义。

一、宇宙时空与人类社会

学者们已经注意到，宇宙一词（或相似词语）出现于许多战国文献，包括《墨子》《庄子》《荀子》《管子》《吕氏春秋》《尸子》《鹖冠子》《文子》等。① 有关此词的标准定义见于《尸子》："上下四方曰宇，往古来今曰宙。"宇包括上下和四方（左右及前后），代表三维空间，宙代表由古至今（及未来）的

① 〔清〕郭庆藩编：《庄子集注》卷一下，"齐物论"，中华书局1961年版，第100页；卷七，"知北游"，第758页；卷九，"让王"，第966页；卷十，"列御寇"，第1047页；吴毓江、孙启治编：《墨子校注》卷十，"经上"，中华书局1993年版，第473～474页；〔清〕王先谦编：《荀子集解》卷十五，"解蔽"，中华书局1988年版，第397页；陈奇猷编：《吕氏春秋校释》卷一，"孟春纪·本生"，学林出版社1984年版，第22页；卷十五，"慎大览·下贤"，第886页；卷十七，"审分览·执一"，第1144页；李守奎、李轶编：《尸子译注》，黑龙江人民出版社2003年版，第52页；黄怀信编：《鹖冠子汇校集注》卷三，"天权"，中华书局2004年版，第344～345页；王利器编：《文子疏义》卷八，"自然"，中华书局2000年版，第346页。其中《尸子》《鹖冠子》和《文子》三书长久以来被认为是伪书，但近年新出土简帛文献的发现，已经使学界相信这些书应源自战国时期。

一维时间。在《墨子》中，与“宙”字意义相近的“久”字被用来指时间，而时空一体的观念则以运动的过程来生动地解说。① 由此可知，大致在战国中后期，当宇和宙组合成词并被普遍运用，此词已经被用来指称四维的时空统一体。②

有关时空一体的宇宙观念还可以追溯至宇宙一词出现之前的更早时期。在新出土的大约早于公元前300年的战国楚竹书中，有关宇宙起源和宇宙运行的文本往往叙述了空间和时间的生成过程，而且宇宙的和谐运行也被描绘为各种时空元素的“统一场”。例如，在《太一生水》中，太一在各种元素和力量的辅助下，生成空间（天和地）和时间（四时和年）。③ 在《恒先》中，空间（或/域）和时间（往）在宇宙生成的早期阶段自然而然地生成。④

占卜用的早期式盘也完美地体现时空一体的观念。式由天盘和地盘构成，盘上刻有四方、四维、九宫、十二度、二十八宿等空间指标⑤，配以四时、十干、十二支、十二辰、二十四节令等时间指标。天盘的中心为北辰或北斗，代表太一或天帝，在旋转

---

① 陈孟麟、王赞源：《墨辩逻辑学新探》，五南出版公司1996年版，第317～318页；刘文英：《中国古代的时空观念》，南开大学出版社2000年版，第36～43页。

② 此处应指出，古代中国人对四维时空的理解，与现代物理学家所说的四维时空很不相同。

③ 《太一生水》，见陈伟等编《楚地出土战国简册［十四种］》，经济科学出版社2009年版，第158～161页。

④ 《恒先》，见马承源编《上海博物馆藏战国楚竹书》，上海古籍出版社2003年版，第3册，第285～300页。关于释“或”为“域”，见朱渊清：《域的形上学意义》，载孔子2000网，04/07。

⑤ 星宿亦代表时间，因为其运动标志时间的流逝，并用于历法的设立。参看李零：《中国方术正考》，中华书局2005年版，第114～115页。

中将空间方向与时间维度紧密关联（图一）。[①] 因此，式盘并不是一个平面的、静止的物体，而是四维的、运动的宇宙模式，象征永恒运转的时空统一体。这种时空一体的宇宙运行生动地描绘于《淮南子》："帝张四维，运之以斗。月徙一辰，复反其所。"[②] 亦见于《史记》："斗为帝车，运于中央，临制四乡。分阴阳，建四时，均五行，移节度，定诸纪，皆系于斗。"[③] 在宇宙运行中，中央和四方（空间）总是与月份和季节（时间）相伴相随。

虽然现存的式盘实物全部出自汉代或其后，学者们相信其起源应远为更早，因为相似的宇宙结构已经见于新石器晚期至战国间的安徽凌家滩玉版、亚形铭文和墓葬结构、《楚帛书》、曾侯乙墓漆箱盖图、六博棋局（TLV 图纹）等。[④] 以《楚帛书》

---

① 图一引自李零：《中国方术正考》，第 71 页。关于式盘的详细研究，主要可参看李零：《中国方术正考》，第 69～140 页。关于北极星代表太一、一、上帝，参看钱宝琮：《太一考》，载《燕京学报》1932 年第 12 辑，第 2449～2478 页；Yasukatsu Maeyama, "The Two Supreme Stars, Thien-i and Thai-i, and the Foundation of the Purple Palace," in *History of Oriental Astronomy: Proceedings of the Joint Discussion-17 at the 23rd General Assembly of the International Astronomical Union, Organised by the Commission 41 (History of Astronomy), Held in Kyoto, August 25 – 26, 1997*, ed. S. M. Razaullah Ansari (Dordrecht: Kluwer, 2002), 3 – 18; Sarah Allan, "On the Identity of Shang Di 上帝 and the Origin of the Concept of a Celestial Mandate (*tian ming* 天命)," *Early China* 31 (2007): 1 – 46; and Jinhua Jia, "Religious Origin of the Terms *dao* and *de* and Their Signification in the *Laozi*," *Journal of the Royal Asiatic Society* 19.4 (2009): 459 – 88.

② 何宁编：《淮南子集释》卷三，"天文训"，中华书局 1998 年版，第 238 页。

③ 〔西汉〕司马迁：《史记》卷二十七，"天官书"，中华书局 1959 年版，第 1291 页。

④ 主要可参看劳干：《六博及博局的演变》，载《"中研究"历史语言研究所集刊》1964 年第 35 卷，第 15～30 页；Michael Loewe, "TLV Mirrors and Their Significance," in *Ways to Paradise: The Chinese Quest for Immortality* (London: George Allen & Unwin, 1979), 60 – 85；王建民等：《曾侯乙墓出土的二十八宿青龙白虎图像》，载《文物》1979 年第 7 期，第 40～45 页；刘信芳：《曾侯乙墓衣箱礼俗试探》，载《考古》1992 年第 2 期，第 937～941 页；冯时：《中国天文考古学》，中国社会科学出版社 2007 年版，第 374～408 页、500～533 页；李零：《子弹库帛书》，文物出版社 2017 年版。

为例，其图式包括代表十二月的十二神，代表四时和四方的四边，以及代表四维和撑天柱的四木。如同式盘，《楚帛书》的图式不是平面的和静止的，其中十二神及所附简短题记按左旋排列，四木按右旋排列，而帛书中心的两篇文字颠倒书写，按左旋排列；其第二篇述四神以步行空间而推算时间，建立四时（图二）。[①] 因此，《楚帛书》的图式和文字也同样是四维的、运动的时空一体的宇宙模式。

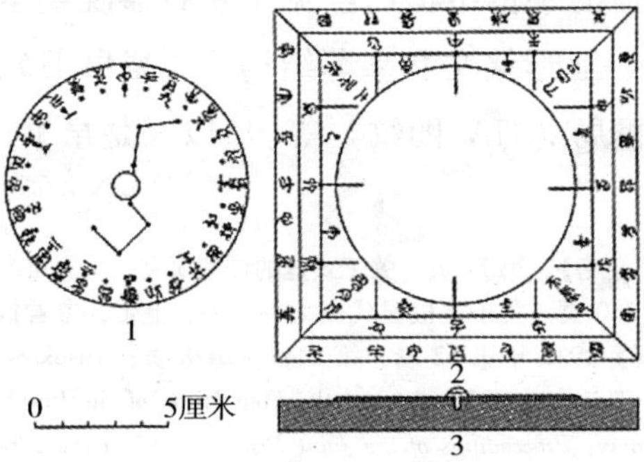

图一　阜阳双古堆式盘

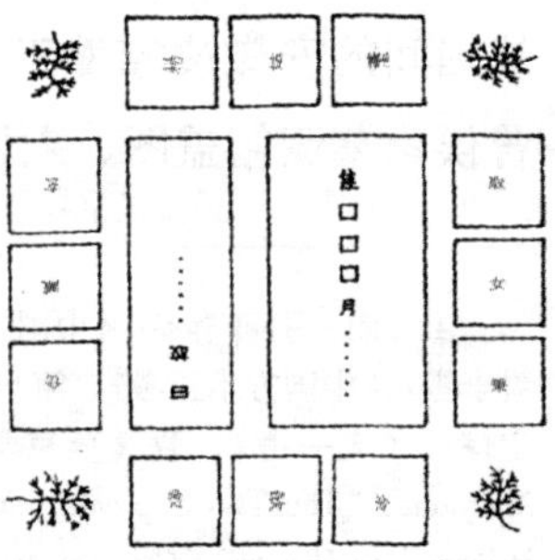

图二　楚帛书

更重要的是，在宇宙的时空统一体中，人类被视为一个有机的、能动的部分。在前引传世战国典籍中，作者们描述人类站立于宇宙时空中，观察、拥抱宇宙并与之相感应。[②] 在新出土

① 图二引自李零：《式与中国古代的宇宙模式》，载《中国文化》1991 年第 4 期，第 5 页。

② 〔清〕郭庆藩编：《庄子集注》卷一下，“齐物论”，第 100 页；卷九，“让王”，第 966 页；〔清〕王先谦编：《荀子集解》卷十五，第 397 页；陈奇猷编：《吕氏春秋校释》卷一，“孟春纪 · 本生”，第 22 页；黄怀信编：《鶡冠子汇校集注》卷三，“天权”，第 344 ~ 345 页。

的宇宙论文本中，对于天道的描述总是紧跟着一段关于人道如何模仿天道的论述，人类社会和生活经验被描绘成宇宙时空中的特定时空，或大宇宙中的小宇宙。① 式盘将时空元素与人的活动相关联，以预占吉凶。在《楚帛书》中，伴随十二神的十二篇简短题记注明每月的宜忌之事，与许多出土日书的功用相似；其中心的两篇文字则叙述时空和年历的生成及其与人类社会的关系。② 在政治领域，“自初生民以来，世主曷尝不历日月星辰?”③ 至迟从商周以来，中国就形成星空与地域相应的宇宙——政治文化。早期君王必须具备认识天的节律的能力，并保持人的活动与天的变化相一致；其后天文星占知识转变为宫廷卜史的世袭职责。④ 在古代中国人的观察和想象中，宇宙时空从未是客观的、独立的，而是总与人类的经验和社会政治秩序相关联。时间、空间及人类的一致性最终引向西汉时期无所不包的阴阳五行宇宙论的完成，其中社会政治秩序与宇宙秩序相

---

① 《道原》，见马王堆汉墓帛书整理小组编《马王堆汉墓帛书经法》，文物出版社 1976 年版，第 101 ~ 104 页；《太一生水》，见陈伟等编《楚地出土战国简册［十四种］》，第 158 ~ 161 页；《恒先》，见马承源编《上海博物馆藏战国楚竹书》，第 285 ~ 300 页；《凡物流形》，见《上海博物馆藏战国楚竹书》，第 220 ~ 300 页。

② 李零：《中国方术正考》，第 141 ~ 183 页。关于日书，还可参看 Marc Kalinowski, “Les livres des jours (rishu) des Qin et des Han: La logique éditoriale du recueil A de Shuihudi (217 avant notre ère),” *T' oung Pao* 94 (2008): 1 – 48; Mu-chou Poo, “How to Steer through Life: Negotiating Fate in the Daybook,” in *The Magnitude of Ming: Command, Allotment, and Fate in Chinese Culture*, ed. Christopher Lupke (Honolulu: University of Hawaii Press, 2005), 107 – 25.

③ ［西汉］司马迁：《史记》，“天官书”，第 1342 页。

④ David W. Pankenier, “The Cosmo-Political Background of Heaven's Mandate,” *Early China* 20 (1995): 121 – 76, esp. 122 & 151.

一致，人类活动与自然韵律相和谐。[①]

如同一些学者所指出，西方的主流世界观可以描述为“两个世界”，而中国古代则形成“一个世界”的特殊观念。在西方传统中，从古希腊哲学到基督教的一个首要关注是区分终极真实的、永恒的世界和现象的、变易的世界，而终极真实只体现于抽象的理想/原则或超越的造物主/上帝。对于中国古代思想家来说，只存在一个单独的世界，现象即是真实，变易即是永恒，没有另外一个超越的世界或天国。西方的上帝或天是超越的终极真实，独立于宇宙时空之外；而中国的天或帝并不具有此类超越的意味。[②] 天或帝基本上是涵括宗教、伦理、政治和自

① 关于阴阳五行宇宙论，主要可参看徐复观：《阴阳五行观念之演变及若干有关文献的成立时代与解释的问题》，民主评论社 1961 年版；〔日〕岛邦男：《五行思想と礼記月令の研究》，汲古书院 1971 年版；John Major，“The Five Phases，Magic Squares，and Schematic Cosmography，” in *Explorations in Early Chinese Cosmology*，ed. Henry Rosemont，Jr.（Chico，CA：Scholars Press，1984），133 - 66；John B. Henderson，*The Development and Decline of Chinese Cosmology*（New York：Columbia University Press，1984）；A. C. Graham，*Yin-Yang and the Nature of Thinking*（Singapore：Institute of East Asian Philosophies，1986）；Nathan Sivin，“State，Cosmos，and Body in the Last Three Centuries B. C.，” *Harvard Journal of Asiantic Studies* 55. 1（1995）：5 – 37；艾兰、汪涛：《阴阳五行探源》，江苏古籍出版社 1998 年版；Aihe Wang，*Cosmology and Political Culture in Early China*（Cambridge：Cambridge University Press，2000）；Michael J. Puett，*To Become a God：Cosmology，Sacrifice，and Self-Divinization in Early China*（Cambridge，Mass.：Harvard University Press，2002）；and Michael Nylan，“Yin-yang，Five Phases，and Qi，” in *China's Early Empires：A Re-appraisal*，ed. Michael Nylan and Michael Loewe（Cambridge：Cambridge University Press，2010），398 – 414.

② Roger Ames，*Sun-tzu：The Art of Warfare*（New York：Ballantine Books，1993），43 – 67；李泽厚：《如何活，度与情：李泽厚 1995 年的一次座谈》，载《中国文化》2014 年第 37 期，第 1 ~ 17 页；李泽厚：《初拟儒学深层结构说》，见《已卯五说》，中国出版社 1999 年版，第 167 ~ 188 页。其他一些学者诸如 Marcel Granet，Joseph Needham、唐君毅、徐复观、劳思光、A. C. Graham 等，亦否认天具有超越的维度。而另外一些学者诸如牟宗三、刘述先、杜维明、Benjamin Schwartz，Heiner Roetz 等，则认为天有超越的或内在的维度。关于此问题的相关讨论的批评式总结，参看 Kwong-loi Shun，*Mencius and Early Chinese Thought*（Stanford：Stanford University Press，1997），207 – 10；Roger Ames，*Confucian Role Ethics：A Vocabulary*（Hong Kong：The Chinese University Press，2011），211 – 12.

然诸领域的复杂而模糊的混合体。天（经常被用为宇宙的同义词）生成包括人类在内的万物，并以其旋转反复的、有秩序的运作和生生不息的品德赋予万物勃勃生机。由于变化就是生生不息的宇宙功能的实现（生生之谓易），而运动总是涉及空间和时间，天/宇宙并非独立于时空，而是与万物一起构成时空一体的唯一世界。只有在这唯一的世界/宇宙时空中，个体才能真实地展开其生命历程，面对其终极命运，实现其生存价值，并在缺少一个超越世界的前提下，努力为自我在此无限的宇宙时空中寻找和确立一个永恒的位置。

二、从天命到命运

天命代表宇宙权威，是中国早期宇宙论的核心观念之一。天命的观念在《尚书》《诗经》等典籍中的最早部分及西周青铜器铭文中大量出现，说明此观念在西周时期的盛行和重要影响。在开始时，天命被叙述为天/帝赋命予周文王，作为征服殷商的神圣许可，并被描述成呈现于天空的特殊天文现象或由天/帝输入梦中的预兆。[①] 从西周至战国，天命逐渐扩展引申为包

---

① 关于天文兆象，见 David W. Pankenier, "Astronomical Dates in Shang and Western Zhou," *Early China* 7 (1981 – 82), 2 – 37; Pankenier, "The *Bamboo Annals* Revisited: Problems of Method in Using the Chronicle as a Source for the Chronology of Early Zhou," Bulletin of the School of *Oriental and African Studies* 55. 2 (1992): 272 – 97; 55. 3 (1992): 498 – 510; and Sarah Allan, "On the Identity of Shang Di 上帝 and the Origin of the Concept of a Celestial Mandate (*tian ming* 天命)," *Early China* 31 (2007): 1 – 46. 关于梦兆，见新发现的战国写本《程寤》，见李学勤编《清华大学藏战国竹简（壹）》，中西书局 2010 年版，第 136 页；Xinhui Luo, "Omens and Politics: The Zhou Concept of the Mandate of Heaven as Seen in the *Chengwu* 程寤 Manuscript," in *Ideology of Power and Power of Ideology in Early China*, ed. Yuri Pines et al. (Leiden: Brill, 2015), 49 – 68.

括普通人的命运，而此扩展了的命运涵义经常以“命”字单独表达。这一现象使得一些学者认为天命和命运是两种不同的甚至相互矛盾的观念。本文认为，天命的涵义经历了一个逐渐发展演变的过程，先从周文王延伸至周王朝的其他成员，然后又扩展至普通民众；而天命作为宇宙权威的观念也逐渐超出伦理政治的领域，衍生出关于个体命运的意义，涉及生命、寿命、禀性、品德、使命、祸福等。近年来出土的战国写本为天命和人的命运之间的密切关联提供了直接有力的早期证据，例如：

> 性自命出，命自天降。①
> 有天有命，有性有生。②
> 天生百物，人为贵。③

通过细致分析传世和出土文献，我们可以清晰地描述从天命到命运的逐渐扩展演变过程。④

这一扩展在西周早期已经开始。在《尚书·召诰》中，周公宣布成王（约公元前1042—1021在位）继续接受天命以统治

① 《性自命出》，见《楚地出土战国简册》，第221页。

② 《语丛三》，见《楚地出土战国简册》，第259页。

③ 《语丛一》，见《楚地出土战国简册》，第245页。

④ David Schaberg 和 Lisa Raphals 分析了命字从命令之义到寿命、命分及命运的语义发展。见 Schaberg，“Command and the Content of Tradition，” in *The Magnitude of Ming*，23–48；and Raphals，“Languages of Fate：Semantic Fields in Chinese and Greek，” in *The Magnitude of Ming*，70–106. 本文与之不同，认为寿命和命运是从天命的观念逐渐发展而来。

天下，并教诲年轻的成王：[1]

> 王乃初服。呜呼！若生子，罔不在厥初生，自贻哲命。今天其命哲，命吉凶，命历年。知今我初服，宅新邑，肆惟王其疾敬德！王其德之，用祈天永命！[2]

阮元（1764—1849）将此段解释为人的才智、吉凶及寿命皆由天命所赋。[3] 刘起釪则认为此段强调人的后天努力如敬德等。[4] 然而，通过自我修养和敬德而巩固上天赋予的禀性和命运及延长统治时期或个人寿命，此观念中已蕴含上天能够将这些作为天命的一部分赋予统治者。

此外，在此诰文中，周公自始至终殷切地向年轻的成王灌输由天命所赋予的、因而是命中注定的强烈使命感和责任感：

> 有王虽小，元子哉。其丕能諴于小民，今休。王不敢后，用顾畏于民碞。王来绍上帝，自服于土中。…… 王厥有成命治民，今休。[5]

---

① 此诰的内容传统上归属于召公。于省吾和刘起釪有力地考证，此诰的主要部分实际上记录周公的话语，只有最后的简短一段是召公的话。见顾颉刚、刘起釪：《尚书校释译论》，中华书局 2005 年版，第 1431 ~ 1432 页、第 1435 ~ 1436 页。

② 顾颉刚、刘起釪：《尚书校释译论》，第 1442 ~ 1443 页。

③ 〔清〕阮元：《性命古训》，见《揅经室集》，中华书局 1993 年版，第 211 页。

④ 顾颉刚、刘起釪：《尚书校释译论》，第 1452 页、第 1454 ~ 1455 页。

⑤ 顾颉刚、刘起釪：《尚书校释译论》，第 1438 ~ 1441 页。

无数的西周文献告诉我们，周文王是由于其德行而被赋予天命。然而此处年轻的成王还未表现出任何德行，其获得天命仅仅由于他是周武王的元子并因而成为天子。这一世袭的地位使成王获得成命，他不能放弃此定命①，必须承担起治民的责任，将和谐安定带给天下。此处我们看到从天命到人的命运的微妙转变，虽然仍限于周王族成员和政治范围。

其后，在西周后期出现了上天生成人类并赋予他们法则、品德及特定使命的观念。例如，《诗经·大雅·烝民》云：

天生烝民，有物有则。民之秉彝，好是懿德。

天监有周，昭假于下。保兹天子，生仲山甫。

此诗的作者传统上归属于尹吉甫，朱熹《诗集传》称周宣王（公元前827—782在位）派仲山甫筑城于齐，尹吉甫作此诗以送别②，此说与诗的内容大致相符。首句"天生烝民"亦见于《诗经·大雅·荡》，作于稍早的周厉王时期（约公元前877—841在位），说明天生成人类包括统治者和普通民众，应是西周后期的普遍观念。"天监有周"四句述上天观察周天子，十分满意他的德行，为了保佑他而生下仲山甫，作为辅佐。此处清楚地表达了人的出生出自人格化的天或帝的命令的观念，虽然"生"字的运用（而不是创造）也同时传达了天/宇宙生成包括人类在内的万物的自然力量。

上引诗句还包含了两个重要的观点。其一是上天在生成民

① 关于释成命为定命，见顾颉刚、刘起釪：《尚书校释译论》，第1440页。

② 〔南宋〕朱熹：《诗集传》，卷十八，上海古籍出版社1980年版，第214页。

众的同时，也赋予他们法则和品德。此要点为孟子所抓住，作为其人性本善理论的典籍证据[1]，后来又为宋代理学家用于关于人性与天命关系的广泛讨论。其二是除了周天子外，上天也赋予其他选中的人物以特定的使命，如仲山甫就命中注定要完成辅佐周宣王的使命。

到了春秋战国时期，所有这些从天命扩展而来的关于人的命运的内涵，包括生命、寿命、才性、品德、使命、责任、吉凶运气等，已经成为普遍的话语，被广泛地讨论和发展，见于无数传世的和出土的文献。虽然各国的君主仍继续用天命的本义来论证其统治的神圣和合法[2]，“在普通话语中天命已经主要被用于命运的意蕴”[3]。

三、知命和立命

春秋战国时期有关天命和命运的众多讨论中，孔子的知命说和孟子的立命说提供了最为精辟和影响最为深远的卓见。自古至今，无数的学者对于古典儒学关于天命和个体命运的观念从各种角度进行解说，形成了一个厚重的阐释传统；其中一些争论至今仍在继续，包括这一观念涉及道德之天还是非道德之

① 《孟子》，12：6。

② 主要可参看《晋公盆》《叔夷钟》《秦公镈》及《蔡侯尊》等铭文，见中国社会科学院考古研究所编《殷周金文集成（修订增补本）》，中华书局2007年版，第10342，00276，00267，06010号。

③ A. C. Graham, *Disputers of the Tao: Philosophical Argument in Ancient China* (La-Salle, Ill.: Open Court, 1989), 50.

命运，属于规范性的还是描述性的范围等。[①] 由于篇幅所限，本文将不涉及这些不同的角度和争论，而是集中于孔子和孟子有关个体在天命/命运的局限下如何保持自主和自我实现的思考，此论题相对来说较少为学界所关注。

在孔子对自己成人的生命历程的各个阶段的回顾中，五十岁知天命是一个中心点。在此之前，孔子的所有学习和实践都是朝向知天命的逐渐发展，而在此之后他的所有自由自在而又充满理性的思想行为，皆是知天命的结果。然而，如同孔子所云，天默默不言，他如何知道天赋其以命及此命为何？从孔子关于其生命历程的叙述，合理的推测应是如同清代学者孙奇逢（1584—1675）所指出，"知天是知自心之天"，知天命实际上就

---

① 主要可参看阮元：《性命古训》，第211～236页；Feng Youlan, *A Short History of Chinese Philosophy*, trans. & ed. Derk Bodde (New York: Free Press, 1948), 44－47；傅斯年：《性命古训辨证》，见《傅斯年全集》，湖南教育出版社2000年版，第2册，第499～666页；唐君毅：《先秦思想中之天命观》，载《新亚学报》1957年第2期，第1～33页；〔日〕宫崎市定；《中国古代における天と命と天命思想》，载《史林》1963年第1期，第81～104页；徐复观：《中国人性论史》，商务印书馆1969年版；〔日〕森三树三郎：《上古より漢代に至る性命観の展開：人生論と運命観の歴史》，创文社1971年版；Benjamin Schwartz, *The World of Thought in Ancient China* (Cambridge, Mass: Harvard University Press, 1985), 117－27, 285－90; David Hall and Roger Ames, *Thinking Through Confucius* (Albany: State University of New York Press, 1987), 206－207; Robert Eno, *The Confucian Creation of Heaven Philosophy and the Defense of Ritual Mastery* (Albany: State University of New York Press 1990), 249－250; Ted Slingerland, "The Conception of Ming in Early Confucian Thought," *Philosophy of East and West* 46.4 (1996): 567－81; Kwong-loi Shun, *Mencius and Early Chinese Thought*, 77－88; Ning Chen, "The Concept of Fate in Mencius," *Philosophy of East and West* 47.4 (1997): 495－520; Ning Chen, "Confucius' View of Fate (Ming)," *Journal of Chinese Philosophy* 24.3 (1997): 323－59; and Michael Puett, "Following the Commands of Heaven: The Notion of *ming* in Early China," in *The Magnitude of Ming*, ed. Christopher Lupke, 49－69.

是知己——自我认知。[①] 经过数十年的孜孜学习、修养和实践，孔子现在清楚地知道自己的禀性、才智、能力、知识、品德及社会角色和责任，最重要的是，他所自我选择承担的社会历史使命。孔子这一自我认知的观念，后来为郭店楚简写本《尊德义》的作者所准确把握："有知己而不知命者，亡知命而不知己。"[②]

孔子关于"三十而立"的陈述[③]，通常被解释为"立于礼"和"不知礼，无以立"。[④] 周礼的核心是为每一位家族和社会成员制定依等级和相互关系而确定的角色、地位、义务、行为及仪容。"立于礼"包括确立个人的家族和社会角色地位，以适合个人角色的威仪修养自己，并根据个人的角色义务而行动。这也是一个知命和定命的过程，如同春秋时期的刘康公所述："是以有动作、礼义、威仪之则，以定命也。"[⑤]

孔子生命历程中的另一个阶段"四十而不惑"，通常被解释为"知者不惑"。[⑥] 然而，由于"知"字原本包括智能和知识双重意义，"不惑"的境界代表孔子对于获得杰出智能和全面掌握文化知识传统的充分自信。其后郭店竹简写本《语丛一》清楚地指出知识对于知天命的重要性："其知博，然后知命。"[⑦]

---

① 杨向奎编：《清儒学案新编》，齐鲁书社 1985 年版，引孙奇逢：《四书近指》，第 22 页。

② 《尊德义》，见《楚地出土战国简册》，第 213 页。

③ 《论语》，2.4。

④ 《论语》，8.8。

⑤ 《左传》，成公十三年。

⑥ 《论语》，2.4，9.29。

⑦ 《语丛一》，见《楚地出土战国简册》，第 245 页。

一些学者将孔子的五十知天命解释为知道自己的政治理想将会失败，因为他周游列国说服国君的努力皆失败了。这显然是对孔子的生活经历和知天命观念的误解。在五十出头时，孔子在鲁国担任几个重要职务，而其周游列国的经历发生于约五十五至六十八岁间。另一些学者将孔子的畏天命和知天命解说为体现命定论的因素或寻求通过天和天命来肯定个体生存的意义。这些说法有一定的合理性，例如孔子为冉耕和颜回的死亡而无助地悲叹。① 然而，由于孔子之知天命实际上是对自我的深层反思和了解，而不是被动地接受无法控制的天命和命运，因此知天命在孔子这里主要是对于人不屈服于生存环境局限的信心，以及对生活和人生目标的自主选择。② 史华慈的分析较为全面：天命对于孔子来说“既是超出其能控制者又是其自主行动的真正范围”③。

在孔子自我认知的中心，是其对重建周代文化传统和社会秩序的神圣使命的强烈自觉，此点在《论语》中有多处表达。④ 冯友兰曾将孔子的使命感与苏格拉底的相比较：“苏格拉底自以为负有神圣的使命，以唤醒希腊人为己任。孔子亦然，所以有‘天生德于予’，‘天之未丧斯文，匡人其如予何’之言。”⑤ 不论是苏格拉底还是孔子，所谓“神圣使命”实际上皆是对于民

---

① 《论语》，6.10，11.9。

② 李泽厚在其许多论著中，将孔子的知命解释为自主精神，例如《论语今读》，天地出版公司1998年版，第53页、第210～212页、第277～278页、第384～385页、第444～445页。不过，他未对这一主题展开详细的论证，另外其所述角度与本文亦有所不同。

③ Benjamin Schwartz, *The World of Thought in Ancient China*, 126.

④ 《论语》，14.37，7.22，7.23，9.5，9.11。

⑤ 冯友兰：《中国哲学史》，华东师范大学2000年版，第48～49页。

众和社会的历史使命的自我抉择。[1]

天命代表天神和宇宙的权威，因此知天命和畏天命原本意味着服从外在的权威。孔子知命说的重要意义在于，通过将所知的对象从天转换为自我，外在的、宇宙的权威被转换成内在的、个体的权威，而正是这一内在的权威激励自我去选择、决定和行动。因此，在天命的表面之下是一个自我提升、自我实现、自我选择人生道路的主体。这一将宇宙权威内化的过程，与孔子将作为社会政治权威的礼乐规则内化的过程相一致。[2]

另一方面，孔子之知天命仍然蕴含了宇宙的主题。孔子知天命的过程逐渐地展现于他的生命历程，与不间断的时间流逝相伴随，并通过“立于礼”的实践和实现社会角色义务及重建社会文化秩序的使命的活动，与社会空间相交织。作为自我决定的自主者，孔子将自己置于家族的、社会的及宇宙时空的整体中，通过与各种外加的苦难经历、有限寿命及命运力量的抗争，以完成历史使命和实现个体价值。这一宇宙主题是天与人、神圣与世俗、社会与自我之间的张力及协调。正是在此意义上孔子相信一种沉默的双向理解：不仅他知道天所赋之命，天也应该知道他的意愿、品德和努力。[3] 同样也是在此意义上孔子不因为政治使命的失败而埋怨天，在经历了无数苦难考验的七十岁时仍保持“从心所欲不逾矩”的自在而理性的心态。[4] 冯友兰

---

① 有的学者认为，孔子的“自我认知”的观念与苏格拉底的“认识你自己”的观念相同。但是他们所要认知的对象实际上大不相同。苏格拉底只对纯粹的、超越的原则感兴趣，而孔子所关注的却是实际的自我和存在。

② 主要可参看李泽厚：《中国古代思想史论》，人民出版社 1986 年版，第 7 ~ 40 页；李泽厚：《由巫到礼释礼归仁》，三联书店 2015 年版，第 117 ~ 143 页。

③ 《论语》，14. 35。

④ 《论语》，14. 35，2. 4。

指出："知天底人，觉解他不仅是社会的一分子，而且是宇宙的一分子。"① 史华慈也注意到孔子知天命说的宇宙主题，称之为"深刻的宇宙化"②。

这一宇宙主题为孟子的立命说所进一步充分发展。《孟子》中涉及天命者，以下面两段最为重要：

> 尽其心者，知其性也。知其性，则知天矣。存其心，养其性，所以事天也。殀寿不贰，修身以俟之，所以立命也。③
>
> 莫非命也，顺受其正。是故知命者，不立乎岩墙之下。尽其道而死者，正命也。桎梏死者，非正命也。④

虽然学界关于此两段话语有不同的解说，不少学者认为这些话语强调个体的自主选择，包括自我修养和选择正命，及充分发展才性以掌握自己的命运。⑤ 其中通过"知性"而"知天"，也就是孔子的通过知己而知命。而"事天"则意味着承担天赋予个体的任务和使命。众所周知，孟子禀持更为强烈的恢复社会秩序的神圣使命感，甚至将所遭遇的苦难穷困看成是上天所降

---

① 鲍霁主编：《冯友兰学术精华录》，北京师范学院出版社 1988 年版，第 245 页。

② Benjamin Schwartz, *The World of Thought in Ancient China*, 123.

③《孟子》，7A：1。

④《孟子》，7A：2。

⑤ 主要可参看 Kwong-loi Shun, *Mencius and Early Chinese Thought*, 80 – 83；李泽厚：《论语今读》，第 52 ~ 53 页、第 444 ~ 445 页；Kidder Smith, Jr.,"Mencius: Action Sublating Fate," *Journal of Chinese Philosophy* 33.4 (2006): 571 – 80. 关于对此两段的不同阐释，参看 Shun, *Mencius and Early Chinese Thought*, 79 – 80.

的考验，以磨炼他的意志，坚韧他的性情，增长他的才能。[①] 此处与孔子的知命观相同，在天命或宇宙权威的表面之下，真正起作用的是更为强烈的、激发个体决心和行动的内在权威。而且这一宇宙权威的内在化过程，同样与孟子将社会道德规范内在化以构建道德主体的工程相一致。[②]

此外，孟子的立命观涉及更为广阔的宇宙视境。在甲骨文和金文中，立命之"立"字，由"大"（大人）和"一"（水平线）构成，象征人站立于地上（图三）。[③]人所立之处为位置，因此立字原本含有"站立、竖立、建立"等动词义及"地位、位置、处所"等名词义，此两组词义在甲骨文和金文中皆有大量的例证。[④] 其后，立字被加上"人"字旁成为"位"字，用以指示地位和位置的名词义。然而，在位字出现后，立和位在许多早期典籍中仍然被互用。

图三

① 《孟子》，6B：15。

② 主要可参看李泽厚：《中国古代思想史论》，第40~51页；Kwong-loi Shun, *Mencius and Early Chinese Thought*, 28 -76; Erica F. Brindley, *Individualism in Early China: Human Agency and the Self in Thought and Politics* (Honolulu: University of Hawaii Press, 2010), 64 -70.

③ 图三引自郭沫若编：《甲骨文合集》，中华书局1979~1983年版，第811号背面；容庚等编：《金文编》，中华书局1985年版，立鼎，第十卷，第710页。

④ 于省吾编：《甲骨文字诂林》，中华书局1996年版，第229~233页。

在《论语》和《孟子》中，立字通常包含名词和动词双重意义。当孔子说他在三十岁时立于礼，主要应指他已经能够恰当地实践等级性的、相互关系的礼仪规范所分配的社会角色，在社会中建立了自己的地位和位置。其他如“不学礼，无以立”及“己欲立而立人”等，也都包含“站立/建立”及“地位/位置”的双重意义。[①]

在孟子关于立命的话语中，由于此段话直接将立命与俟天命、受天命及事天相关联，其含义不仅指站立于作为小宇宙的社会秩序中的个体位置，而且还指向了大宇宙中的秩序和位置。这是一个永恒的位置，因为它是处于无穷的四维宇宙时空中的一个特定位置，而从“一个世界”的中国宇宙观看来，“所有自然神和祖先神仍然在此宇宙中扮演其角色”[②]，从而与宇宙同其无穷。这一宇宙位置与孟子宇宙观的其他表述相一致，如“我善养吾浩然之气。……其为气也，至大至刚，以直养而无害，充塞于天地之间”，及“万物皆备于我”[③]。在宇宙秩序确立一个永恒的位置标志个人的潜能的完美实现，包括品德、才智、知识及性格，这也是孟子所说的尽心、知性、修身、立命，及后来《易传》的“穷理尽性，以至于命”[④]。如方东美所述：

> 在天人和合之中，个人之宇宙性地位于焉确立。当此时也，构成其人格中之诸涵德及一切知能才性，皆“充其

---

① 《论语》，16.13，6.3。

② Benjamin Schwartz, *The World of Thought in Ancient China*, 62.

③ 《孟子》，2A：2，7A：4。

④ 〔魏〕王弼、〔唐〕孔颖达编：《周易正义》（《十三经注疏》整理本）卷九，“说卦”，第383页。

量，尽其类”，得到充分发展——“尽性”是也。[①]

这一永恒的宇宙位置已经见于春秋时期叔孙豹的著名的“三不朽”说。[②] 关于个体可以通过立德、立功、立言而达至不朽的信仰，也同样产生自一个世界的宇宙时空观，因为只要时间的永恒之流持续地与无穷空间相交织，个体由于在特定时空中为社会历史做出贡献而确立的特定宇宙位置，也将永久保持。后来，自夸“孟子之后，至是而始一明也”的宋代理学家陆九渊（1139—1193）在四岁时，曾问父亲天地的边际在哪里；十三岁时，读古书见有宇宙一词，书中的注解是“四方上下曰宇，往古来今曰宙”，因而大悟说：“元来无穷！人与天地万物皆在无穷之中者也。”于是写下：“宇宙内事乃已分内事，已分内事乃宇宙内事”；“宇宙便是吾心，吾心便是宇宙”，从此“因宇宙字义，笃志圣学”。[③] 其后陆九渊教导学生：“宇宙之间，如此广阔。吾身立于其中，须大做一个人。”[④] 陆九渊因宇宙时空之无穷而觉悟，并立志成为立身于其中的完美个人，此可以作为孟子立命说之宇宙视野的最佳注脚。至清代，孙奇逢为《孟子》“立命”作注，亦指出其中包含长存宇宙之意：“天命自我植立，有常存宇宙间者，故曰立命。此知天之至，事天之极。”[⑤] 在现代，新儒家冯友兰将孔子和孟子的知天、事天称为“天地（宇

---

① 方东美：《中国形上学中宇宙与个人》，见《生命理想与文化类型》，第203页。

② 《左传》，襄公二十四年。

③ 〔南宋〕袁燮、傅子云：《年谱》，见《陆九渊集》，卷三十六，中华书局1980年版，第481～483页。

④ 〔南宋〕陆九渊：《语录》，见《陆九渊集》，卷三十五，第439页。

⑤ 杨向奎编：《清儒学案新编》，第22页。

宙）境界”。①

四、结语

中国古代时空一体的“一个世界”观促使先秦诸子思考天人关系及个体在无穷宇宙中的存在意义。孔子和孟子一方面敬畏超出人类控制力的天命和命运，另一方面相信个体具有自主决定和努力的力量。这一天人之际的张力通过他们的知命和立命说而化解为天人和谐。天命的限制激发了他们关于社会历史使命的强烈意识，促使他们立志在有限的生命和历史条件中实现个体价值。他们相信通过自我认知和自我修养，个体可以完成社会历史使命，实现其存在价值，从而在无穷的时空中确立一个永恒的宇宙位置。个体因此不仅可以超越所有外加于其人生经历的艰难挫折，而且也超越了死亡的终极命运。②

这一终极关怀代表了儒学宗教性的一个重要方面，并在后来成为传统儒士的精神家园。他们沿袭知命和立命的宇宙视野，勤勉地修养自己，为社会和文化秩序的发展而做出贡献，以此挑战天赋的命运。通过完成社会历史使命而在无穷的宇宙时空中获得永恒是传统儒士的梦想。陆九渊云：“宇宙之间，如此广阔。吾身立于其中，须大做一个人。”在因弹劾严嵩（1480—1567）而被处死前，杨继盛（1516—1555）作诗云：“浩气还太虚，丹心照千古。”太虚和千古即宇宙空间和时间，这是对于精

---

① 鲍霁主编：《冯友兰学术精华录》，第 222 ~ 266 页。

② 孔孟之后，荀子进一步提出“制天命而用之”。见〔清〕王先谦编：《荀子集解》卷十一，中华书局 1988 年版，第 317 页。然而，荀子主要从社会政治的角度阐述此观念，故此本文不加以讨论。

神家园的永恒回归。

古典儒学伦理学将人看成既是由人际关系所构建的社会和家族角色，又是独立自主和理性的个体，在天命的宇宙框架下对个体价值和社会责任两方面皆给予殷切的关注。两方面合起来呈现出儒学理想人格的完整形象：既承担社会责任又坚持个体自主，既遵循外在的权威也听从内心的召唤。这一完美人格为联接东方和西方、传统和现代的价值观念体系，及建构当代新的伦理学理论，提供了一个较为平衡的思想模式。这一模式一方面质疑原子的、自由的个人主义的自我兴趣及对社会民众利益的忽略，另一方面挑战独立意志和人类尊严的丧失及对某些政治宗教“权威”的盲目信从，从而有助于战胜当前的种种环球危机，稳固人类在无穷宇宙时空中的持续发展位置。

“内圣外王”的历史局限和当代重构

顾明栋　达拉斯德州大学

21世纪是一个充满希望的时代，也是一个充满挑战的时代，在科学技术飞速发展、全球化浪潮席卷全球的后现代，不同文明在融合过程中发生的激烈碰撞而带来种种危机，对个体的价值实现和文明的发展构成了史无前例的挑战。在个人和社会的关系层面，一方面如何避免集体主义对个人自由的压制、阻碍个人价值的实现，另一方面是如何避免个人主义和自由主义的膨胀，导致人际关系紧张、社会问题层出不穷。面对这一两难境地，儒家思想中有什么样的精神资源有助于我们正确处理全球化时代人与人、人与社会的关系呢？我认为，儒家思想中“内圣外王”的思想经过现代转型以后就是可以资用的古代资源。“内圣外王”是儒家思想的一个核心观念，历代思想家和学者大都认为“内圣外王之道”是中国思想的精华。梁启超在《论语考释》—《庄子天下篇释义》中说：“‘内圣外王之道’一语包举中国学术之全体，其旨归在于内足以资修养而外足以经世。”冯友兰在其著作《中国哲学之精神》一书《绪论》中也说：“在中国哲学中，无论哪一派哪一家，都自以为讲‘内圣外王之道。’”

尽管受到历代高度评价，但是，传统的“内圣外王”思想由于其历史的局限性，存在着不可否认的缺憾和不足，而且，近代以来经过众多新儒家的重新阐述和拔高，本来是伦理道德范围的理想人格被重新构建成一套完满的“内圣外王之道”的政治哲学理论，显然与当代社会的需要脱节。有人不禁要问：在全球化与电讯时代，以“内圣外王”之道为核心的儒家政治哲学仍然有价值吗？本人认为，“内圣外王”之道在历史上其实是意识形态国家机器的精神内核，在当代的政治生活中已失去价值，但在处理个人和社会的关系方面，“内圣外王”的思想仍然具有一定的精神意义和伦理价值，对此进行顺应当代潮流的探索、反思和改造，有助于获得应对全球化和高科技发展带来的种种危机的有益启示。因此，我们必须从历史的、现实的、话语的和意识形态的层面考察“内圣外王”之道的来源、发展和内在性质，并根据当代个人和社会的需要分析其长处和不足，还其本来面目，并以现代思想资源充实这一古典思想，重新构建合乎时代需要的理想人格和社会道德，使其在当今社会焕发出新的生命力，发挥其作用。

一、“内圣外王”的百家之源

我们要认识“内圣外王”在当今全球化和后现代的时代的价值，首先要正确、深刻地理解这一术语的出处、内涵和外延。“内圣外王”历代已被普遍认为是儒家的核心思想，但其最早的出处却不是儒家的文本，而是道家的文本《庄子》，庄周的《天下》篇说：

> 圣有所生，王有所成，皆原于一。……天下大乱，贤圣不明，道德不一，天下多得一察焉以自好。……是故内圣外王之道，暗而不明，郁而不发，天下之人各为其所欲焉以自为方。①

在上面的引文中，省略去的部分阐明何谓“内圣”，何为“外王”：（1）“内圣”是植根于“道”之根本的个体人格理想，它表现为：“不离于宗，谓之天人；不离于精，谓之神人；不离于真，谓之至人。以天为宗，以德为本，以道为门，兆于变化，谓之圣人；以仁为恩，以义为理，以礼为行，以乐为和，熏然慈仁，谓之君子。”（2）“外王”是个体如何在社会上发挥作用的政治理想，它表现为：“以法为分，以名为表，以参为验，以稽为决，其数一二三四是也，百官以此相齿；以事为常，以衣食为主，蕃息畜藏，老弱孤寡为意，皆有以养，民之理也。”（同上）

以我们今天的语言来阐述，“内圣”就是修身养性立德，做一个品格高尚、有德性的人；“外王”就是在个人修身养性之后参与自身以外的社会事务，也就是儒家追求的“齐家、治国、平天下”政治理念。《庄子·天下篇》位于其全书的最后一篇，根据其内容，学者们认为是全书的后记，也可以看成是序论。如熊十力就认为《天下篇》不是庄子以后学人所作，而应“当是庄子自序”，因为“其评判诸家，见高而识远”②。无论是后记还是序论，此篇对中国古代思想成型的轴心时代的主要思想

---

① 《庄子》，上海古籍出版社 1995 年版，第 349～350 页。

② 熊十力：《读经示要》，中国人民大学出版社 2006 年版。

家进行了评点，这说明《天下篇》所述的"内圣外王"之道并不是偶然一笔带过的想法，而是在分析先秦诸子思想之后提出的涉及人与自然、个人和社会、政治和道德、精神与物质等方面关系的纲领性表述，某种意义上说是先秦古代思想融合的产物，这也为后来儒家将其发扬光大、确定为儒家核心思想留下了巨大的阐释空间。因此，尽管"内圣外王"概念起先不是直接出自儒家著述和孔子的论著，但庄子《天下篇》所阐述的"内圣外王之道"与孔子的儒家思想不但不矛盾，相反却有着共通之处，这就为儒家采用这一术语并予以发扬光大、直至后来为儒家的核心思想和理想人格提供了形而上发挥的空间。

孔子的言论中没有直接提到"内圣外王"的字眼，但在个体的私人修养与社会参与方面，孔子的众多言论与庄子的思想却是异曲同工，殊途同归。首先，与"内圣"有关的方面，孔子强调要成为圣人就要具有仁德，而且是否有仁德全在于自身的修炼，即"为仁由己"。子曰："克己复礼为仁。一日克己复礼，天下归仁焉。为仁由己，而由人乎哉?"[①] 这里，孔子认为，一个人是否能成为圣人，并不取决于他人，关键在于自己："仁远乎哉？我欲仁，斯仁至矣。"[②] 在"外王"方面，孔子以个体的"修己"为出发点，但其终点是"治人"："修己以敬""修己以安人""修己以安百姓"。[③] 真正将道家的"内圣外王"转变成儒家思想是孟子和荀子的贡献，这两个弟子都对"内圣外王"作出了系统的阐释和发展，但两人的贡献有不同的侧重，

① 《论语》，12.1。
② 《论语》，7.30。
③ 《论语》，14.42。

孟子对内圣贡献最多，而荀子对外王的贡献最大。前者贡献侧重于“仁”学，或“内圣”之学；后者侧重“礼”学，或“外王”之学。孟子发扬光大孔子的仁政学说，更看重统治者的修养德行对其治国理政的影响和意义，这在某种意义上导致了“内圣”有余，而“外王”不足，削弱了这一思想的使用价值和可操作性，而且导致了内圣之仁学与外王之礼学两个方面的分离。事实上，孟子并没有直接阐释“内圣外王”的关系。孟子侧重发展了儒家原典中的“内圣”一面，成为儒家理想派的代表；荀子侧重发展了儒家原典中“外王”的一面，成为儒家现实派的代表。在历史上对孟子的推崇使得荀子的外王思想不受重视，导致内圣外王流于理想主义的空论。荀子对二者之间的内在关系有比较清晰的认识，并予以系统化和概念化。

儒家和道家都提倡“内圣外王”，但两家的重点有所不同，前者强调两者是相互关联、相互同一的，而后者则将重点置于个人的修身立德上，只要个体道德情操高尚，就社会和睦，天下太平了，帝王就可无为而治了。儒家则认为，内圣是基础，外王才是目的，通过内在的不断修养，成为仁人君子，完成内圣的基础，即可转向身外，齐家治国平天下，完成外王的业绩。没有内圣的基础，就无法达到外王的目的，同样，没有安邦治国的外王的实现，内圣也没有实际的意义。“内圣外王”作为一种为人处世之最高理想境界，体现着中国传统文化百家思想的融合特点，其中不仅有道家思想，亦有墨家、阴阳家甚至法家的思想。历代儒家都将原为道家话语的“内圣外王”思想发扬光大成儒家的基本命题，最早提出“内圣外王”的道家却不去与儒家争夺版权。通览从两汉的董仲舒的政治儒学，到宋明理学，再到现代的新儒学，儒家思想虽然历经了两千多年不断的诠释发展，但一直根据“内圣外王”的思维模式运行。“内圣外王”从道家的话语演变成儒家的核心思想，给我们的启发是，我们也可将其改造成适应电讯时代的后现代话语。

二、“内圣外王”的缺憾和不足

现代以来，不少思想家认识到“内圣外王”理念与中国社会现实之间的脱节，并试图予以重新建构适应时代需要的新“内圣外王”思想。在这个方面，新儒家做了大量工作，代表人物熊十力和牟宗三两位先生沿着梁漱溟先生的思想路径，从现实人生问题出发，探索中西文化之差异，试图从思想层面解决中国社会传统与革新、中学与西学、个人与集体、物质与精神，科学与文化等诸多矛盾。在新儒家思想家中，尤以牟宗三在重新阐述方面着力最多，他力图重新界定内圣外王的涵义，以弥补其不足，适应现代社会的需要，他说：“儒家的学问原来讲的是‘内圣外王’……理学家偏重于内圣一面，故外王一面就不很够，至少弘扬不够。……儒家学术第三期的发展，所应负的责任即是要开这个时代所需要的外王，亦即开新的外王。”[①]他的核心思想被概括成“内圣开外王”的提法。自此观点提出以后，引起关注甚多，包括李泽厚在内的当代思想家和学者对此都予以探讨，众多的讨论集中于一个核心问题：“内圣”能否开出“外王”？或“内圣”如何开出“外王”？李泽厚毫不含糊地认为：“内圣”无法开出“外王”，而且自孔孟之后的历史证明，

① 牟宗三：《从儒家的当前使命说中国文化的现实意义》，见黄克剑、王欣编《当代新儒家八大家·牟宗三集》，北京群言出版社 1993 年版，第 603 ~604 页。

“内圣”一直未能开出“外王”。为何如此呢？李泽厚从历史的视角回答了这一问题：“即原典儒学所依据的背景，是传之久远的上古中国氏族统治体制，这一背景的消失，使‘内圣外王’成了不能实现的复古空想。”① 李先生认为：在孔子时代，内圣和外王虽是不同的范畴，但还是相对地统一的，“其原因在于远古原始传统本以源于宗教巫师的氏族首领本人的典范风仪、道德规范来进行等级统治，一切成文或不成文的客观法规比较起来是次要的”②。但是，“随着春秋时代的迅速的社会发展，老一套由‘内圣’而后‘外王’，用遵循道德规范的‘知礼’来‘治国’，已经不灵通了”③。为什么不灵了呢？因为时代变了，在传统认识基础之上构建出来的“内圣外王”的古代政治道德合一的治理模式，在私有制家天下的社会生活中到处碰壁，在现实政治的运作层面，内圣与外王难以合二为一。而且，历史上称得上圣人者虽不乏其人，但鲜有圣人能成王成帝，即使像孔子这样的圣人也是周游列国而不见用，只能屈居“素王”，公孟子因此感叹：“昔者圣王之列也，上圣应为天子，其次列为大夫，今孔子博于诗书，察于礼乐，详于万物，若孔子当圣王，则岂不以孔子为天下哉。”④而另一方面，历代被官方历史称颂为“圣王”的君王，其实都是有名无实，康熙皇帝曾被十八世纪的传教士誉为“哲人王”，在欧洲被视为理想的统治者，但其实是一位大兴文字狱的专制君王。因此，“内圣外王”的思想在现实

① 李泽厚：《历史本体论·己卯五说》，三联书店 2008 年版，第 189 页。

② 李泽厚：《新版中国古代思想史论》，天津社会科学出版社 2008 年版，第 211 页。

③ 李泽厚：《新版中国古代思想史论》，第 212 页。

④ 《墨子·公孟》，引自《二十二子》，上海古籍出版社 1986 年版，第 267 页。

政治中至多不过是对历代统治者起着一丁点道德制约的正面作用，而其负面作用却表现在欺骗人民相信社会的清明和谐取决于圣君明君，导致中国传统社会不注重合理正义的社会制度的建立，而将社会的正义公平寄托于某些圣王的智慧和道德操守。

汤一介先生在《内圣外王之道》一文中对“内圣外王”的问题有切中要害的认识，他说：“儒家的‘内圣外王之道’是一套相当系统的政治哲学理论，一直到今天它对中国社会都有很大的影响。在上述那篇文章中，我提出应为儒学在今日的价值找个适当的定位。我认为，儒家的‘内圣’之学无疑对今日社会具有特殊的价值；而‘内圣外王之道’则不能不说包含着某种严重的弊病。”[①]他认为，历史上从来没有真正的“圣王”，只有因为占据了帝王之位而自居为“圣王”的“王圣”，或者是为其臣下所吹捧起来的假“圣王”：“‘王圣’（以有王位而自居为圣人，或别人推尊之为圣人）是不可取的，‘圣王’也是做不到的，‘内圣外王之道’作为一种政治哲学理论也就不是什么完满的理论，它不仅在中国历史上起过消极作用，而且它更加不能适应现代的社会政治生活发展的要求。”[②]他的结论是：“‘内圣外王之道’只有非常有限的意义，它不应也不可能作为今日‘中国哲学之精神’。”（同上）

如果“内圣外王”在哲学层面都难以成为核心思想，更不用说在政治理论的现实生活层面了。经过牟宗三改造的“内圣开出外王”的观念在个人主义、自由主义、市场经济盛行的现

① 汤一介：《内圣外王之道》，见汤一介：《在非有非无之间》，台湾正中书局1995年版。

② 汤一介：《内圣外王之道》。

代社会更加不切实际，因为将理想主义的人格精神视为道德形而上学和可操作的政治纲领，没有看到“内圣”与“外王”在现代社会完全脱节，全世界皆然。在科技加剧异化的当今社会，“内圣”无法“开出外王”，“内圣开出外王”只是良好的愿望，在历史和现实的层面上，该理论是夸大传统社会产生的思想的价值和作用，李泽厚不无道理地批评说，这实际是在开历史的倒车。

三、“内圣外王”的本质：隐形“意识形态”

“内圣外王”式的统治者在历史上几乎没有真正出现过，历代儒家为何不遗余力地发扬光大这一思想呢？李泽厚认为这是因为历代儒家将远古氏族政治，即道德与政治合一的原始儒学不断发扬光大的结果：“从原始社会后期到西周以至春秋时代，一直延续着氏族政治的传统，即群体命运经常取决于首领们的才德。所以在那里，道德常常就是政治，这正是原始儒学和孔孟之道的真正历史秘密。”他认为，促使“内圣外王”不断受到青睐的根本原因是其具有世俗宗教的潜能：中国古代社会“既没有人格神宗教传统来制约皇权，统一信仰；又没有别的什么办法，于是将原始儒学讲的‘正心诚意修身齐家’提到空前的本体高度，以作为整个传统社会纲常秩序以及其官僚体系的维系力量。”①

李泽厚看到了“内圣外王”在历史上受到追捧和发扬的历史原因和道德政治化的精神层面的原因，但没有论述其经久不

① 李泽厚：《新版中国古代思想史论》，第215页。

衰的另一个原因：“内圣外王”的历久不衰，不仅有制约统治者的道德因素，也有迎合历代统治者需要、因而促使他们有意青睐的内在原因。事实上，后者是更重要的原因。统治者为了维持自己的统治，就要把自己打扮成“内圣外王”的明君。因此，“内圣外王”就成了古代社会隐形的“意识形态”，实际上发挥了“意识形态国家机器”的作用。马克思主义把“意识形态”简要地定义为“虚假意识”，指的是，在资本主义社会，物质、思想和制度等看似正确，其实是虚假的形式误导人民大众。阿尔都塞（Louis Althusser）进一步发挥马恩思想，把意识形态定义为“个人与其真实的存在情况的想象性关系”，几乎等同于幻觉和暗示。[①] 但意识形态的概念并不仅限于政治和权力，威廉斯（Raymond Williams）在其研究中说，普通的意识形态与作为虚假意识的意识形态在历史上一直都被广泛使用[②]。我认为“内圣外王”是一种意识形态，既是指其普通意义的政治道德的本体论，又是“个人与其真实的存在情况的想象性关系”的“虚假意识”，因而在中国历史上一直具有迷人的虚幻力量，普通大众受此思想影响，期盼明君出现，带来清明的社会；士大夫阶层企图以此作为约束统治者的道德力量；统治者也以此作为欺骗臣民、维持统治的工具，将自己装扮成“圣王”，将武力的“霸道”转化为软实力的“王道”。经过形而上本体化的“内圣外王”令各阶层皆大欢喜，这才是其历久不衰的根本原因。

在政治操作上，“内圣外王”的永恒魅力来自两个分离概念

---

① Louis Althusser, “Ideology and Ideological State Apparatus,” in *Lenin and Philosophy* (London: New Left Books, 1971), 162.

② Raymond Williams, *Keywords: A Vocabulary of Culture and Society* (Oxford: Oxford University Press, 1983), 156.

的虚假统一。在远古氏族社会“内圣”和“外王”也许是相互关联的统一体，但仔细分析可知，其实两者代表了两种相互关联但完全不同的统治理念和手段，与阿尔都塞所说的国家理论有不谋而合之处。阿尔都塞的国家理论认为：国家权力的实施可以通过一软一硬的两种方式实行，一种是镇压性国家机器（repressive state apparatus），另一种则是意识形态国家机器（ideological state apparatus）。前者指包括政府、军队、警察、法庭和监狱等通过暴力手段或强制方式发挥其作用的镇压性国家机器；后者指包括宗教、学校、家庭、法律、政治、工会、传媒（出版、广播、电视等）、文化（文学、艺术、体育比赛等）等软性统治手段的意识形态国家机器，以意识形态方式发挥作用。意识形态国家机器是“政治无意识”所依附的物质基础，是一种看似温和但充满不可见暴力的手段，它不是从肉体上对个体进行强制性控制和镇压，而是通过软性手段对个体进行体制化规训和合法化“生产”。[1] 我认为，“内圣”有助于培养个人自觉服从的“政治无意识”和无意识文化，外王则使用镇压性国家机器将对国家产生的威胁予以扫除，“内圣外王”的虚假统一巧妙地将阿尔都塞所说的两种国家机器合二为一。两种性质不同的国家机器是如何合二为一的呢？阿尔都塞的国家理论打破了西方法学理论或伦理学体系对公共与私人领域的区分，揭示了公共领域对私人领域的渗透和作用。历代儒家将原始社会以降就开始分离、最后基本上走向对立的道德和政治通过“内圣外王”人为地捏合起来，使原为镇压性国家机器的“外王”变

① 见 Vincent Leitch, ed., *The Norton Anthology of Theory and Criticism* (New York: Norton, 2001), 1483－1496.

成了意识形态国家机器的内核。

因此，我认为，历史上“内圣外王”之所以如此受到儒家思想家和历代统治者的青睐，是因为儒家思想家和统治者虽然有着不同的目的，但他们一个不约而同的目的就是将以君王为代表的“镇压性国家机器”，通过将理想人格的道德修为与现实政治的操作相结合，转化成为阿尔都赛所说的“意识形态国家机器”，也就是将赤裸裸的镇压之力转化为糖衣包裹的软实力，使本来的霸道变为王道，从而达到使被统治阶级臣服的终极目的。因此，内圣外王并不仅仅是一种理想的人格理论，经过儒家思想家的不断阐释，最终转化成了意大利马克思主义思想家葛兰西（Antonio Cramsci）所说的“霸权理论”（hcgcmony）。值得注意的是，葛兰西的“霸权理论”不是中国历史上，特别是春秋战国时期的称霸之“霸道”，或现代帝国主义国家争夺的“霸权”，而是中国传统中与“霸道”相对立的“王道”。

在概念性层面，历代儒家思想家是怎样将统治者的“霸道”转化为“王道”的呢？答曰：通过“内圣外王”的权力知识。我们有足够的理由认为，“内圣外王”就是福柯所说的“权力知识”。根据福柯的权力知识理论，话语产生知识，叙事产生“真理”，真理巩固权力，权力又反过来促进知识和“真理”的产生。“内圣外王”就是通过儒家的话语转变为亘古不变的真理。分析“内圣外王”的字面意义和深层含义可以看出其权力和知识的相互渗透。历代的标准阐述认为，“内圣外王”就是孔子在《大学》所提到的“大学之道”，具体体现在八个步骤：“格物、致知、诚意、正心、修身、齐家、治国、平天下”，在实现儒家“内圣外王”的八个步骤中，前五条“格物、致知、诚意、正心、修身”一般被视为内圣之业，而后三条“齐家、治国、平天下”则被视为外王之业。在字面意义上，内圣很好理解，即个人通过修炼达到圣人的思想境界，内圣既是其道德理想，也是实践的行为准则。但有关外王，解释则往往大而化之，含糊其辞，字面意义和引申意义混用。有人会质疑，外王历代不是解释得很清楚了吗？其实则不然。以前五个步骤解释“内圣”的内涵较为清楚，但以后三个步骤解释“外王”并不是十分清楚。有人采用字面意义，有人采用引申意义等等。究竟何为“王”？现有的解释涉及两个方面，在涉及人事层面上，“王”既可以是字面意义，即“国君”，即最高统治者，也可以是一种比喻，即某一地区某一单位的领导，甚至是一种抽象引申之意，即社会的道德和政治形态。因此，“外王”既可以是国君，也可以有首领之意。在抽象层面上，“外王”是硬实力，即统治者的权力，官员的行政力量，家族族长的权力，国家机器的武力，也就是阿尔杜塞所说的“镇压性国家机器”。

古代对“圣”和“王”的阐释可以说明话语如何成为权力知识，并清楚地说明了外王是如何与内圣相连的。许慎的《说文解字》对“圣”字的定义十分简单：“圣，通也，从耳呈声。”“圣人”的社会地位在《孔子家语》中得到明确：“所谓圣人者，德合于天地，变通无方，穷万事之终始，协庶品之自然，敷其大道，而遂成情性，明并日月，化行若神，下民不知其德，睹者不识其邻，此谓圣人也。”[①]经过孔子的话语构建，圣人成了有高尚德行、参天通地的王者。许慎的《说文解字》如此定义“王”字：“王，天下所归往也。董仲舒曰：古之造文者，三画

---

① 《孔子家语》，“五仪解第七”，北京燕山出版社 2009 年版。

而连其中，谓之王。三者天地人也。而参通之者，王也。孔子曰：一贯三为王，凡王之属，皆从王。”① 在孔子之前，“王”字似乎是“首领”之意，但经过孔子的意识形态性定义、再经过董仲舒的进一步充实，“王”字就自然而然地具有了君权神授的神圣之义。关于繁体“圣”字，李泽厚有一段精辟的论述：“‘圣’从耳，即‘闻道’，它本是巫师，与神明相通，这即是‘内圣’，从而能指引、领导、统帅本氏族以至部落生存、发展和建立功业，这也就是‘外王’。”② 而且，儒家的圣殿里排列出的圣人有伏羲、尧、舜、禹、商汤、周文王、周武王、周公和孔子，除了孔子这位素王以外，都是货真价实的君王，而那些道德高尚、学富五车的儒门道统的传人如颜回、曾子、子思和孟子至多只能算是“亚圣”，这与他们没有领导权力恐怕不无关系吧。如此一来，“内圣”与“外王”通过话语构建不仅内在相连，而且成了不证自明的真理，或曰“权力知识”。

综上所述，我的结论是：历史上的“内圣外王”实质上是一种隐形意识形态，更是“意识形态国家机器”的一个重要部分。阿尔杜塞对意识形态有一个重要的论断，即“意识形态具有物质的存在”。这有助于我们理解为何在历史上儒家强调“内圣”与“外王”的内在统一。阿尔杜塞认为，意识形态并不仅仅以个体头脑中的思想观念和有意识表征的方式存在，而是由受物质性意愿所支配的个体的行为所构成：“每一个‘主体’都赋有‘意识’，并相信这样的信念，即他受意识鼓动，自由选

---

① 〔东汉〕许慎：《说文解字》，中华书局1999年版，第9页。

② 李泽厚：《说儒学四期》，上海译文出版社2012年，第118页。

择，必须根据其观念而行事，因此也必须将其作为一个自由主体的思想铭刻在其物质实践之中。”① 同时，他认为意识形态的物质存在乃是社会实践的作用，具体说来，就是个人的思想是其物质行动的内在表征，被嵌入其受物质仪式左右的物质实践之中，而那些仪式本身又受到物质的意识形态机器的限定，个人的主体性则来自意识形态机器。② 根据阿尔杜塞的解释，“内圣”可被视为一种个人的主体性，而“外王”可被视为这种个人意识的仪式形态。阿尔杜塞的理论不仅说明了个人与社会实践的关系，而且可以使我们深刻认识历代儒家为何要将内圣和外王紧密联系起来并大加追捧。作为一种意识形态，“内圣外王”的思想使人们相信，在个人与社会的关系中，个人好像是具有自由意志的主体，可以决定自己的存在和行为方式。但“内圣外王”却遮蔽了个人受意识形态支配，其主体性本质上是意识形态的产物这一事实，这才是其深受历代统治者追捧的内在原因。

四、儒家话语的模糊性及其误导作用

“内圣外王”作为儒家的核心思想，也是一种儒家话语，产生话语的几个重要环节就是：谁在说？说什么？对谁说？“内圣外王”首先是儒家对统治者所说的政治道德，其次是对百姓所说的“明君”思想，再次是儒家思想家在自己的小圈子里自娱

① Louis Althusser, *Lenin and Philosophy and other Essays* (New York: Monthly Review Press, 1971), 157.

② Louis Althusser, *Lenin and Philosophy and other Essays*, 158.

自乐的形而上文字游戏。由于三种话语的混搭，"内圣外王"的话语遮蔽了该思想的本来面目，带有相当大的模糊性，并造成了理解的误区。因此，历代虽然论述众多，但并未明确定义，恰当定位。内圣之"圣"：从字面意义上来看，"圣"指的是品德高尚之人，在古代社会，"圣人"是道家的真人，儒家的完人，佛家的善人。外王之"王"：从字面意义上来看，"王"字不必有道德的判断，可以是一个中性词，在现实生活中，"王"往往只是"首领"（leader）之意，可以指家庭的家长，家族的族长，单位的领导，社会各级机构的领导，国家的领袖，甚至是一个小团体的首领等等。"内圣外王"在历史上的一个重大转变就是从表征具体个人的概念转向抽象和引申的含义，不再指单个主体，而指社会的道德和政治状况，在现代社会，经过新儒家的形而上阐释，抽象的引申含义占有主导地位。对此，李泽厚的话简约地总结了这种转变："'外王'，在今天看来，当然不仅是政治、而是整个人类的物质生活和现实存在，它首先有科技、生产、经济方面的问题；'内圣'也不仅是道德。它包括整个文化心理结构，包括艺术、审美等等。"① 由于"内圣外王"的字面意义和引申意义的丰富多彩，引起了话语的含混，结果模糊遮蔽了其局限，导致了阐释的误区，夸大了其在历史上和现实政治中的作用。

由于话语的含混，历代儒家得以将"内圣外王"思想拔高为道德与政治的融合和统一，不恰当地认为"内圣"是"外王"的前提和基础，"外王"是"内圣"的自然延伸和必然结果，但历史的事实是，"内圣"无法成为评价"外王"的标准，

---

① 李泽厚：《说儒学四期》，第106~107页。

也无法成为节制“外王”的机制。历代君王道德高尚之人凤毛麟角，专制作恶之人则是如过江之鲫，所谓内圣外王的明君不过是理想统治者的化身。但历代儒家思想家，包括现代新儒家，对“内圣”与“外王”的本体性分离往往视而不见。回顾“内圣外王”的历史演变，李泽厚认为，“内圣”和“外王”实为两个不同的范畴，在早期两者是合二为一的，但随着历史的发展，逐渐分离，直至走向相互对立的境地，后世儒家并没有准确定位。荀子曰：“圣也者，尽伦者也；王也者，尽制者也。两尽者，足以为天下极矣。故学者，以圣王为师，案以圣王之制为法，法其法以求其统类，以务象效其人。”① 前一句是说只要从事人格修养，符合道德规范的人就是圣人。显然，这涉及的是个人层面、道德层面。第二句是说，严格执行制度规范，把圣人的王道理想在政治活动中体现出来的领导者就是“王者”，这说的是政治治理的层面。荀子认为两者在“圣王”身上合二为一。自荀子以降，历代儒家，包括新儒家都在回避“内圣”与“外王”几乎相对立的内在本质，从政治意识形态和国家层面大肆夸大其价值和作用，如梁启超和熊十力都认为“内圣”与“外王”是统一的，两者的统一产生了一套完满的政治哲学理论。这其实是将形而上学的道德与现实的政治理论混为一谈。恰当的认识是，内圣与外王不是一个有机统一体，而是被儒家硬生生捆绑在一起的伪统一体，因为内圣不是外王的基础，外王也不是内圣的结果，内圣也不一定必然导致外王，外王不一定就是内圣。

因此，欲使内圣外王在当今社会具有价值，我们首先要将

---

① 张觉：《荀子译注》，上海古籍出版社 1995 年版，第 468 页。

“内圣”与“外王”脱钩。其次，我们应将“圣”与“王”降格。“圣”是个体自身之内在修行，关注的是与天地参通的精神境界，不必是高僧大德、道家真人、儒家完人。而“王”并不一定是君王之位，而是将内修所得转化为济世的功用，实现个人理想，惠及社会，进而达到兼善天下。再次，我们应该从个人层面重新认识“内圣外王”与当今社会的相关性。换言之，“内圣外王”在现代社会只能作为伦理道德层面的理想人格和个人修身立命的行为准则，不能作为形而上的政治理论，更不能作为政治操作的指南，因为，“内圣外王”之道是横贯古今的宏大叙事，是集“意识形态国家机器”和“镇压性国家机器”于一体的权力知识。

五、“内圣外王”的当代价值是什么？

如果说“内圣外王”是历史的宏大叙事和隐性“意识形态国家机器”，那么在当代社会是不是完全没有价值呢？如果有，其价值何在？我认为，为了建立和谐的人类命运共同体，我们可以在充分正确认识其价值的基础上，将其构建成催生新人类的普世个人意识形态。那我们如何使这一传统的思想转型为可服务于当代的社会思想呢？在重新构思“内圣外王”并恰当认识其价值方面，我们可以从牟宗三和李泽厚的重新阐释的得失中获得有益的启示。李泽厚和现代新儒家都对“内圣外王”表现出浓厚的兴趣，研究方法也有着类似的路径，尤其是与牟宗三的构思有相似之处。就认识论而言，他们两人都受到康德的哲学影响，都对“内圣外王”采用了伦理学的重新审视。但是，由于他们对儒学的历史关注和考察的重点不同，所以各自提出了对这一核心观念不同的重新阐释。

牟宗三提出的“内圣外王”的现代化新义，简言之可归纳成：中国文化中存在道统，但缺乏学统和政统，所以“内圣”较强，但“外王”较弱。结果，在近现代中国文化遭遇来自西方文化的严重挑战时毫无招架之力。要将中国文化现代化，就必须重新革新儒家“内圣外王”的传统。为此，他提出了“内圣开出新外王”的理论。简单来说，他的理论就是呼吁已“成圣”的道德主体纡尊降贵到日常生活层面，参与民主和科学活动。牟宗三将孔子、孟子、陆象山和王阳明的心性之学与康德哲学结合起来构成了其新说的哲学基础，其理论在观念上当然是现代的、革新的，但是它带有明显的缺陷。其一，他忽略了始自荀子、后经朱熹发扬光大的“外王”传统。朱熹考察了人和自然界的关系，就宇宙的内在运行提供了珍贵的洞见，但遗憾的是，牟宗三和其他新儒家学者持有一种共同的偏见，认为朱熹的儒学体系不属正统。其二，说中国缺乏学统和政统忽略了儒学格言“格物致知”“治国平天下”的潜在含义——它们都是《大学》的核心思想，为宋代、明代直至清代的儒学家们所肯定与提倡。

李泽厚在重新构想“内圣外王”时认为，自春秋战国以后，礼崩乐坏，政治与道德脱钩，内圣与外王从此分家，新儒家企图从道德形而上学开出民主与科学，是以不同的内容重复了历代儒家企图从个人道德修养开出天下太平，其实是一种开历史倒车。他以自己的“两种道德”为核心的伦理学思想对“内圣外王”进行解构性构建。他赞同由康德开启的哲学风潮，即在哲学探究中关注伦理学，将伦理本体看作人区别于动物的根本所在。但是，李泽厚的伦理学与他人的伦理学存在着一个核心差异。与现代伦理学中的两极分化，即以正义与人权为本的政治哲学伦理学和以道德和向善为本的宗教哲学伦理学的分化不同，李泽厚提出了自己的双重伦理学概念，即"宗教性道德"与"社会性道德"。对此两种道德，李泽厚做了相当精深的努力去探索其相似与差异，以及它们在真实生活中如何互动。简而言之，"宗教性道德"指加之于个体之上的道德责任，因为个体作为抚育了自己的人类之一员，就必须随时准备献身于人类生存，包括牺牲自己。这种道德责任是必须无条件遵守的"绝对律令"。鉴于这种道德责任代表的是人类总体的生存，它超越任何群体、民族、阶级、社会和时代的利益，高于任何具体的历史事件和任务。因此，它具有诸如天、上帝和神灵一样的神圣性质。①

显然，"宗教性道德"带有出世气氛，"社会性道德"与之不同之处是，它作为社会责任和"绝对律令"是此世的，存在于具体的时间、地点、社会之中，与某一特殊社会群体、阶级或者民族的利益和福祉直接相关。它由一套伦理规则和道德律令构成，这些规则与律令随着时代、社会、环境和利益的不同而变化。伦理规则和道德律令以法律、条约、契约、习俗和习惯等形式表现出来，经常从外强加于个体身上，并在经历漫长历史后化为其内在的自觉要求。② 这两种道德的共同点，是两者都是自己给行为立法，都是理性对自己的感性活动和感性存在的命令和规定，表现为某种"良知良能"的心理主动形式。简而言之，两者的根本区别在于，"宗教性道德"跟人的内在信仰

---

① 李泽厚:《伦理学纲要》，第 10 ~ 11 页。

② 李泽厚:《伦理学纲要》，第 11 ~ 12 页。

有关，它是个体追求的最高价值，常与信仰相关联，好像是执行“神”的意志。而“社会性道德”跟法律、习俗和环境相关，代表个体所必须履行的、符合社会群体之要求的责任和义务。因此，“一个是最高纲领，一个是最低要求”。这两种道德既各自独立又相互重合。“现代社会性道德以宗教性道德的身份与名义出现。”换言之，“人（特定群体）的规范以神的旨意出之”①。

李泽厚以两种道德为其概念工具，提出了他对“内圣外王”的新阐释，将“宗教性道德”与“内圣”联系起来，“社会性道德”与“外王”联系起来。这样，他为儒学的历史进程勾勒出新路线，并揭示了这两种道德是如何对中国文化和社会施加其积极和消极影响：

> 前者（宗教性道德）由孔、孟到宋儒发展为个体人生境界的儒道（释）互补的准宗教性的追求，而为理学所大力倡导，津津乐道。后者（社会性道德）则由孔子而荀子而与道家、法家和阴阳家合流互补，而成为一整套儒法互用的伦理—政治的规范、法则，支配了中国历史两千年。前者是“内圣”，后者是“外王”。②

李泽厚的论述不仅恰当地认识了“内圣外王”的历史渊源，而且穿透了其内在本质，简而言之，“内圣”是宗教性道德，“外王”是社会性道德，历代将“内圣外王”纳入现实政治领域，

---

① 李泽厚：《伦理学纲要》，第12页。

② 李泽厚：《论语新读》，三联出版社2004版，第6页。

甚至视其为现实政治和治国方略的基石，其实是将私德和公德混为一谈，造成了中国历代期盼明君、人治重于法制的政治文化。在当代社会，"内圣外王"就是一个涉及公德和私德、与现实政治可能有关也可能无关的伦理思想。我们如果要还其本来面目，"内圣外王"不是合格的可操作的政治哲学理论，而是一种道德形上学：即既强调个体必须承担个人在家族和社会中所规定的责任和义务，又强调个体作为独立自主的个人可以通过自我修养和自由选择制定人生目标，规划人生价值实现的途径，二者既可分离，亦可结合，结合的结果造就了具有理想人格、对社会做出贡献的个体。只有如此定义，才能使这一儒家的思想资源在当代发挥作用。

六、内圣独善其身，外王兼善天下

在中国历史上，"内圣外王"的思想主要发挥了供统治者和精英阶层愚弄民众的作用，此概念翻译成英文就是"a sage inside and a king outside"，但此原生意义的局限性在字面上就能看出来，因此，我们应强调此概念的引申意义，翻译成英文就是"sageliness inside and kingliness outside"。在全球化与电讯时代，传统"内圣外王"的个人修为的观念仍然有其价值，但其构想的伦理—政治的规范、法则确实已经不适应时代的发展。在对已有的阐释、构建和反思的基础之上，我们可以将"内圣外王"重新构思成一种主要针对个人，又旁及社会的实用伦理和道德精神，以此应对当今时代出现的种种危机和极端主义。我们可以将"内圣"构思为个体的精神追求和做人道德准则，将"外王"构思为贡献于社会的行动准则。对此，我们应采取李泽厚在解构传统思想后所提出的重新定义："'内圣'，即个体所追求的道德完善，心性觉悟，她涉及安身立命、终极关怀……'外王'，即社会与个体之间的权利、义务的要求和关注，她与一定的经济、政治、法律制度密切相关。"① 我们不必强调"内圣"与"外王"的统一，事实上，两者的分离有助于避免不切实际的理想主义，而将"内圣外王"由形而上的政治道德降格为公德和私德，可增加该理念在现实社会和生活中的可操作性。在个体和社会的关系方面，以"内圣"促进个人道德修养和精神追求，以"外王"促进社会法制和社会性道德。具体操作起来，以"内圣"制约个人主义的膨胀和自由主义的泛滥，克制受现代社会刺激而产生的内心的过分欲望，以达到个体的内心宁静和精神愉悦，以"外王"制约反社会、反人类的极端行为，以促进社会的有序和谐。以此构思的新"内圣外王"的理念，既实用于个体，也可实用于社会，既适用于普通人，也适用于领导者。作为普通人，内圣独善其身，作为领导者，外王兼善天下。无机会成为领导者，可以内圣为理想人格和行为准则，有机会成为领导者，应该内外兼修，以内圣的理想人格节制外王所带来的诱惑，制约权力带来的腐败；以外王所赋予的权力制约膨胀的个人主义、极端的自由主义和各种原教旨主义，促进人类共同体的建立。

---

① 李泽厚：《说儒学四期》，第 122 页。

"慎独"的三个层次

邢　文　西南交通大学、达特茅斯学院

"慎独"向来是古典儒学尤其是思孟学派的重要内容。[①] 李学勤先生指出：

> 子思学于曾子，《中庸》与传为曾子所作的《大学》思想相通，如……"慎独"之论，就也见于《大学》。[②]

大致认为"慎独"出于曾子。近几十年来与"慎独"有关的简帛材料相继出土，使"慎独"之义倍受学者关注。[③] 本文在学习

---

① 本文据《作为"慎其德"的"慎独"》《"朝彻"与"慎独"》（2018年10月西南交通大学"先秦诸子与中国文化国际学术研讨会暨第五届诸子学论坛"论文）增订而成，论文初稿提交2018年10月香港理工大学"社会责任与个体价值：古典儒学的现代启示国际研讨会"，感谢与会学者提出的宝贵意见。感谢西南交通大学人文学院博士研究生杨煜婷代为查找、提供有关资料，帮助修改成文。文中引用古籍时，不尽从所引版本的句读标点。简帛文献释文，俱用通行字；阙字径予补出，用方括号［　］表示；错字径予改正，用尖括号〈　〉表示。

② 李学勤：《帛书〈五行〉与〈尚书·洪范〉》，见李学勤：《李学勤集——追溯·考据·古文明》，黑龙江教育出版社1989年版，第366页。

③ 参见梁涛、斯云龙编：《出土文献与君子慎独——慎独问题讨论集》，漓江出版社2012年版。

各家之说的基础上，拟就“慎独”的三个层次，尤其是“慎其德”的层次及其与早期儒家“内向超越”等相关问题，试作探讨。

一、从“慎独”的二说谈起

目前学界对“慎独”的讨论，学者已有所总结，大致认为是由“慎独”的“不同说”向“相同说”的发展。① 所谓“不同说”，是指儒家于“慎独”有两种不同的阐释传统。对此，四川的魏启鹏先生早有明确的表述：

> 《礼记·中庸》：“莫见乎隐，莫显乎微，故君子慎其独也。”郑《注》：“慎独者，慎其闲居之所为。”《大学》所谓“慎独”亦此义。然佚书所谓“慎独”不同……②

明确指出“佚书”的所谓“慎独”，与《中庸》《大学》所见“慎独”不同。所谓“佚书”，在此是指马王堆汉墓帛书《五行》——最初公布时，帛书《五行》是学者们称作马王堆汉墓帛书“《老子》甲本卷后古佚书”中的一种，故魏氏称之为“佚书”。③ 按魏氏之说，帛书《五行》中的“慎独”实为“顺独”——“顺”，从也；“独”，则为“心与耳、目、鼻、口、

① 梁涛：《从“不同”说到“相同”说——代〈慎独问题讨论集〉序》，见梁涛、斯云龙编：《出土文献与君子慎独——慎独问题讨论集》，第1~4页。

② 魏启鹏：《马王堆汉墓帛书〈德行〉校释》，巴蜀书社1991年版，第11页。

③ 国家文物局古文献研究室：《马王堆汉墓帛书［壹］》，文物出版社1980年版，第2页、第17~27页。

手、足数体间，唯心之性好‘悦仁义’，故‘心贵’，心为人体之‘君’也”；而所谓“慎独”，即为尊“心贵”、从“心君”：

> 故“慎独”者，谓“耳目鼻口手足六者，心之役也”(316行)，当尊心之“贵”，从心“君”之命，而同“好仁义也”。传世经籍中惟《礼记·礼器》所云“礼之以少为贵者，以其内心也。……是故君子慎其独也”与佚书之义较接近。[①]

这就是说，《礼记》的《中庸》《大学》之“慎独”为一义，《礼器》之“慎独”为另一义，后者与帛书《五行》之义接近。这种理解后为学者称作“慎独”的“不同说”。

“慎独”的所谓“不同说”，并非学界的通说，故“慎独”的所谓“相同说”必与之商榷。有学者不仅认为传世文献与出土文献所见“慎独”的不同之说，实以“慎独”相同的基本内容——亦即“慎独”的“相同说”——为基础，而且朱子等对于“慎独”的解说，大有“误读”之嫌。[②] 这当然是值得关注的意见，值得进一步考察。[③]

基于学者们对“慎独”之义的考辨，我们在此拟改换一个视角，跳出“相同说”或“不同说”的论争，把传世与出土的

① 魏启鹏：《马王堆汉墓帛书〈德行〉校释》，第11页。

② 梁涛：《朱熹对“慎独”的误读及其在经学诠释中的意义》，载《哲学研究》2004年第3期，第48~53页。

③ 讨论之例如钱逊：《是谁误解了“慎独”?》，见梁涛、斯云龙编：《出土文献与君子慎独》，第41~45页；陈立胜：《作为修身学范畴内的“独知”概念之形成——朱子慎独工夫新论》，载《复旦学报（社会科学版）》2016年第4期，第71~81页等。

古代文献所见以及学者们对“慎独”之义的解说归于三个层次：（1）闲居独处的“慎其行”；（2）己所独知的“慎其心”；（3）朝彻见独的“慎其德”。

二、“慎独”与“慎其行”

“慎其行”是“慎独”之义的基本层次，见郑玄《中庸》注：

> 慎独者，慎其闲居之所为。小人于隐者，动作言语，自以为不见睹，不见闻，则必肆尽其情也。①

“闲居之所为”，不论是否“肆尽其情”，都是外在的、可见的行为。小人以为自己的言行不为人所见、不为人所闻之际，则肆意为之，可见“慎独”的必要。此外：

> 君子戒慎乎其所不睹，恐惧乎其所不闻。莫见乎隐，莫显乎微，故君子慎其独也。②

人所不睹、人所不闻，即郑氏所谓的闲居与隐。在郑氏的解说中，君子与小人不同，君子在人所不睹、人所不闻之际的言行，都有所戒慎，必慎其行。“慎其行”，是“慎独”最朴素的释义。

---

① 李学勤主编：《十三经注疏·礼记正义》卷五十二，北京大学出版社 1999 年版，第 1422 页。

② 李学勤主编：《十三经注疏·礼记正义》卷五十二，第1422 页。

郑氏之义，孔颖达另有申说。《礼记正义》：

> "故君子慎其独也"者，以其隐微之处，恐其罪恶彰显，故君子之人恒慎其独居。言虽曰独居，能谨慎守道也。①

与"尽肆其情"相反，孔氏描述的是君子之人"以其隐微之处，恐其罪恶彰显"，故"恒慎其独居""谨慎守道"。这样的慎其行，虽与郑氏的"戒慎"之说小有区别，但也属于慎其动作言语之类外在行为动作的范围，属于慎其行的层次。

孔氏所述"恐其罪恶彰显"，并不限于"君子之人"。《大学》：

> 小人闲居为不善，无所不至，见君子而后厌然，揜其不善，而著其善。②

饰掩不善而著其善，也是戒慎其行的表现。只是这种慎其行多有自欺之嫌，故《大学》强调"诚其意""毋自欺"，否则，"人之视己，如见其肺肝，然则何益矣。"③ 朱熹在《大学章句》中又有申说：

---

① 李学勤主编：《十三经注疏·礼记正义》，第1424页。

② 李学勤主编：《十三经注疏·礼记正义》卷六十，《大学》第四十二，第1592页。

③ 李学勤主编：《十三经注疏·礼记正义》卷六十，《大学》第四十二，第1592~1593页。

> 小人阴为不善，而阳欲揜之，则是非不知善之当为与恶之当去也，但不能实用其力以至此耳。然欲揜其恶而卒不可揜，欲诈为善而卒不可诈，则亦何益之有哉！①

故朱子之说与《大学》之义是一致的，慎其行虽属于“形于外”的言行动作的层次，但也必须“诚于中”。“诚其意”“诚于中”，是“慎独”的基础；在慎其行层次上的君子慎独，是“诚于中，形于外”的外在表现。

此外，“慎其行”的层次，并不局限于闲居幽隐、不为人所闻见之际的“慎独”，也包括在公开场合的“慎独”。朱子有论：

> 如“慎独”之“独”，亦非特在幽隐人所不见处，只他人所不知。虽在众中，便是独也。②

孟子亦有：

> 得志，与民由之；不得志，独行其道。③

“众中”之“独”与“不得志，独行其道”等，都不再是不为人所闻见的“慎其行”的“慎独”了。

① 〔南宋〕朱熹：《四书章句集注》，中华书局1983年版，第7页。

② 〔南宋〕黎靖德编：《朱子语类》卷二十四，《论语》六，中华书局1986年版，第567页。

③ 李学勤主编：《十三经注疏·孟子注疏》卷六上，《滕文公下》，北京大学出版社1999年版，第162页。

三、"慎独"与"慎其心"

朱子《大学章句》中有一节，是朱子说明"君子所以重以为戒，而必谨其独"的原因。① 但这一段话，有学者视之与朱子有关"慎独"的其他释说相冲突，证明了朱子对"慎独"的误读：

> 按照朱熹的理解，这段话是说，小人独自一人的时候，常常干出不好的事情来。然而，从他见到君子后试图掩盖自己恶行来看，他并非不知道应该为善去恶，只是一旦独处、无人监督时，便故态萌发，无力做到这一点。既然伪装并不能真正掩盖自己，那么就应当引以为戒，"慎其独"，过好独居这一关。然而正如我们前面所分析的，在《大学》原文中，"小人闲居为不善"并不是"慎其独"的直接原因，而是要说明"诚于中，形于外"，"诚于中"才是"慎独"的主要含义。而朱熹上面的一段文字不仅偏离了文本的含义，而且使"诚于中，形于外"一句被排除在文义之外，没有了落脚处。这说明在朱熹的观念中，"慎独"的"独"仍主要是指独居、独处，并没有完全摆脱掉郑玄以来人们对"慎独"的理解。②

---

① 〔南宋〕朱熹：《四书章句集注》，第7页。

② 梁涛：《朱熹对"慎独"的误读及其在经学诠释中的意义》，载《哲学研究》2004年第3期，第48～53页。

但通读朱子之说，可知朱子并没有把“诚于中，形于外”排除在文义之外。《大学章句》第六章即“释诚意”：

> 经曰：“欲诚其意，先致其知。”又曰：“知至而后意诚。”盖心体之明有所未尽，则其所发必有不能实用其力，而苟焉以自欺者。然或已明而不谨乎此，则其所明又非己有，而无以为进德之基。故此章之指，必承上章而通考之，然后有以见其用力之始终，其序不可乱而功不可阙如此云。①

可知朱子章句实紧扣经文“诚其意”而论。朱子开宗明义，明确以“心体之明有所未尽，则其所发必有不能实用其力，而苟焉以自欺者”——“心体之明有所未尽”，即“中”有所未“诚”，这是在论“诚于中”；而“其所发”与“苟焉以自欺”，即“中”有所未“诚”的外在表现，这是在论“形于外”。

朱子不仅未把“诚于中，形于外”排除在文义之外，相反，朱子既强调“诚于中”，也强调“形于外”。《大学章句》论“诚其意”等：

> 诚其意者，自修之首也。
>
> 独者，人所不知而己所独知之地也。言欲自修者知为善以去其恶，则当实用其力，而禁止其自欺，使其恶恶则如恶恶臭，好善则如好好色，皆务决去，而求必得之，以自快足于己，不可徒苟且以殉外而为人也。

① 〔南宋〕朱熹：《四书章句集注》，第8页。

> 富则能润屋矣，德则能润身矣，故心无愧怍，则广大宽平而体常舒泰，德之润身者然也。盖善之实于中而形于外者如此。①

“诚其意”，当然就是“诚于中”；“自修”，实即“形于外”——“自欺”“恶恶臭”“好好色”等，都是“形于外”的表现，故基于“诚于中”的“形于外”，须以“诚其意”为“自修”之首；“自修”之际，不仅“知为善以去其恶”，而且“当实用其力，而禁止其自欺，使其恶恶则如恶恶臭，好善则如好好色，皆务决去而求必得之”。朱子之重“诚于中，形于外”，或曰朱子之不曾所谓误读“慎独”，在此已显而易见。朱子申论“富润屋，德润身，心广体胖”等，并以“善之实于中而形于外”作总结，显然也是“诚于中”（“善之实于中”）、“形于外”的思理，看不出朱子对于“诚于中，形于外”的排除。

认为朱子误读“慎独”，认为“在朱熹的观念中，‘慎独’的‘独’仍主要是指独居、独处，并没有完全摆脱掉郑玄以来人们对‘慎独’的理解”，是忽略了朱子“慎独”之说的关键性特点——本节所说的“慎其心”，或朱子后学所说的“心所独知”。②

明人胡广《四书大全》录新安陈氏注朱子“人所不知而己所独知之地也”有：

---

① 〔南宋〕朱熹：《四书章句集注》，第7页。

② “心所独知”为朱子四传弟子陈栎（1253—1334）之语，〔明〕胡广《四书大全·大学章句大全》引，文渊阁四库全书本，第32页。参见乐爱国、钟小明：《朱熹〈中庸章句〉对“慎独”的诠释——兼与〈礼记正义·中庸〉的比较》，载《中国哲学史》2012年第4期，第86～93页。

> 此“独”字，指心所独知而言，非指身所独居而言。①

“人所不知而己所独知之地”，并见于朱子的《大学章句》与《中庸章句》。《大学章句》此节，如前所引。《中庸章句》：

> 独者，人所不知而己所独知之地也。言幽暗之中，细微之事，迹虽未形而几则已动，人虽不知而己独知之，则是天下之事无有著见明显而过于此者。②

首句与《大学章句》全同。不论是《大学章句》还是《中庸章句》，朱子“慎独”之说中的“独”，已不仅仅是纯粹的“独”，而是已成为“独知”——“人所不知而己独知”，其“慎”首在于内在之“心”，而次在于外在之“行”，与其“知先行后”说相合。

朱子的“人所不知而己独知”，实出于程子弟子游酢之说。游氏《中庸义》：

> 人所不睹，可谓隐矣，而心独知之，不亦见乎？人所不闻，可谓微矣，而心独闻之，不亦显乎？知“莫见乎隐，莫显乎微”而不能慎独，是自欺也。③

“心独知之”，朱子径予袭用：

---

① 〔明〕胡广《四书大全》，第 32 页。

② 〔南宋〕朱熹：《四书章句集注》，第 18 页。

③ 〔北宋〕游酢：《游荐山集》卷一，转引自乐爱国、钟小明：《朱熹〈中庸章句〉对“慎独”的诠释——兼与〈礼记正义 · 中庸〉的比较》，第 91 页。

大抵"独"字只是耳目见闻之所不及而心独知之之地耳。①

故朱子后学陈栎等称之"心所独知"是有理据的。

"心所独知",当然是慎其心的层次。明儒吕柟径以"慎独"为"只在于心上做":

此只在于心上做。如心有偏处,如好欲处,如好胜处,但凡念虑不在天理处,人不能知而己所独知,此处当要知谨自省,即便克去。②

当然,理学家的"只在于心上做"的"慎独",与古典儒学慎其内心的"慎独",是有较大差别的,虽然理学之说可溯源于后者。在古典儒学中,"慎其心"的"慎独",并见于传世文献与出土文献。《礼记·礼器》:

礼之以多为贵者,以其外心者也。德发扬,诩万物,大理物博,如此,则得不以多为贵乎?故君子乐其发也。礼之以少为贵者,以其内心者也。德产之致也精微,观天下之物无可以称其德者,如此,则得不以少为贵乎?是故

① 〔南宋〕朱熹:《答石子重》,《晦庵先生朱文公文集》卷四十二,见朱杰人、严佐之、刘永翔主编:《朱子全书》,第22册,上海古籍出版社、安徽教育出版社2002年版,第1936页。

② 〔明〕吕柟:《吕泾野先生语录》,见〔明〕黄宗羲:《明儒学案》卷八,中华书局1985年版,第137页。

君子慎其独也。[①]

在《礼器》中，礼之以多为贵，是以多为美、乐其外发的表现，但决不可过多；而礼之以少为贵，“少其牲物，致诚悫”[②]，是以内心为尊、君子慎独的表现，是“慎独”的“慎其心”的层次。戴静山先生举王念孙之说，以“致诚悫”解“慎独”，在此可以参看。[③]

马王堆汉墓帛书《五行》的经师也是以内为尊，以舍弃外在形体、以“至内者之不在外”解“慎独”之“独”的，也属于同类的“慎独”传统。帛书《五行》经文：

“［燕燕］于飞，差池其羽。之子于归，远送于野。瞻望弗及，泣〈涕〉如雨。”能差池其羽，然［后能］至哀。君子慎其独也。[④]

说文：

差池者，言不在衰绖。不在衰绖也，然后能［至］哀。夫丧，正绖修领而哀杀矣。言至内者之不在外也。是之谓

---

① 李学勤主编：《十三经注疏·礼记正义》卷二十三，《礼器》第十，第733~734页。

② 李学勤主编：《十三经注疏·礼记正义》卷二十三，《礼器》第十，第734页。

③ 戴君仁：《荀子与〈大学〉、〈中庸〉》，载《孔孟学报》1970年第15期，第139~143页；见梁涛、斯云龙编：《出土文献与君子慎独》，第3~9页。

④ 国家文物局古文献研究室：《马王堆汉墓帛书［壹］》，第17~18页。

独。独也者，舍体也。[1]

帛书《五行》的说文明确说明，内心的“至哀”比外在的“衰绖”重要，并重点解释了经文中“慎其独”的“独”字——独，“舍体也”。舍体，帛书《五行》的说文也曾述及：

君子之为德也，有与始，无与终。有与始者，言与其体始；无与终者，言舍其体而独其心也。[2]

独，舍体也；舍其体，而可以独其心。帛书《五行》在此的“慎独”与“独其心”，显然属于“慎其心”层次。

四、“慎独”与“慎其德”

“慎独”的“慎其德”的层次，超越了外在的与内在的“慎独”。从“慎其行”到“慎其心”，我们对“慎独”的理解，从外在的、可见的言行举止，走向了内在的、非直接可见的内心思虑。如果说，“慎其心”的层次高于“慎其行”的话，那么，超越“慎其行”与“慎其心”的，就是“慎其德”的层次了。用古人的话说，这是一种“朝彻”见独；用今人的话说，这是一种“内向超越”。[3]

“朝彻”见独为道，“慎独”为德——李学勤先生尝以“道

① 国家文物局古文献研究室：《马王堆汉墓帛书［壹］》，第19页。
② 国家文物局古文献研究室：《马王堆汉墓帛书［壹］》，第19页。
③ “朝彻”“见独”，见《庄子·大宗师》；“内向超越”，见余英时：《论天人之际：中国古代思想起源试探》，中华书局2014年版。

者所以明德也，德者所以尊道也”来说明“王者之道”，说明“圣”与“圣之思也轻”之义，揭示了古人所慎之德的一种超越性。[①]“慎其德”，是先秦古人的重要思想，屡见于传世文献与出土文献，如《礼记·大学》即有“先慎乎德”，《尚书·文侯之命》也有“克慎明德”，大克鼎铭开篇即述及“淑慎厥德”，邢人佞钟也有“克慎厥德”等，学者已有关注。[②] 余英时先生曾经指出：

> 大致从公元前七世纪中叶起，即在孔子出生前一世纪左右，一个新的精神运动在卿大夫阶层间悄然兴起并一直延续到后世，而与“轴心突破”相衔接。这一运动可以名之为“修德”。但这时“德”的涵义已发生了很大的变化，西周时期与王朝“天命”相联系的集体和外在的“德”，逐渐转为个人化、内在化的“德”。[③]

这种个人化的、内在于人的“德”，是后世“慎独”，尤其是“慎其德”层次的“慎独”的基础。但把“慎其德”作为“慎独”超越于“慎其行”“慎其心”之上的一个层次，尚未见学者讨论。

马王堆帛书《五行》论“慎独”有如下一段：

> 鸤鸠在桑，直之其子七也。鸤鸠二子耳，曰七也，与

① 李学勤：《李学勤集——追溯·考据·古文明》，第366~367页。

② 参见陈伟武：《旧释“折”及从“折”之字平议——兼论“慎德”和“终”问题》，载《古文字研究》第二十二辑（2000年），第251~256页。

③ 余英时：《论天人之际》，第212页。

言也。[1] ……义也。言其所以行之义之一心也。能为一，然后能为君子。能为一者，言能以多［为一］。以多为一也者，言能以夫［五］为一也。君子慎其独。慎其独也者，言舍夫五而慎其心之谓□。□然后一。一也者，夫五夫为□心也，然后德之一也，乃德已。德犹天也，天乃德已。[2]

应该说，帛书《五行》的这一段，我们不仅重视得不够，而且目前的理解似也有问题。我们之所以对这段文字重视不够，一方面也许是因为它属于马王堆帛书《五行》的说文，不属于经文，也不见于郭店楚简《五行》，故少有学者深究；另一方面，也许是因为我们受到一些先入为主的思想影响，还没有真正理解帛书《五行》的原义。

就先入为主而言，对于"慎独"的传统理解，就是一种先入为主的思想；对于赋、比、兴与《毛传》的知识，是另一种先入为主的思想。上引《五行》有："鸤鸠二子耳，曰七也，与言也。""与言"，帛书《五行》的释文释作"兴言"之误。释文注释三六：

与疑是兴字之误。武威汉墓所出《仪礼》简，有误兴为与之例（见《武威汉简》图版拾壹18，拾陆81）。本文兴字似皆误书为与（参看注释［六五］）。[3] 此处兴字当读

① 国家文物局古文献研究室：《马王堆汉墓帛书［壹］》释作"兴"字误，第19页。

② 国家文物局古文献研究室：《马王堆汉墓帛书［壹］》，第19页。

③ 原注。按注释六五："据文义，以上三'与'字疑皆兴字之误。上文二〇〇行已有'国家与'之文，与字亦可据此推为兴字。"国家文物局古文献研究室：《马王堆汉墓帛书［壹］》，第27页。

> 为赋比兴之兴。《毛诗·曹风·鸤鸠》："鸤鸠在桑，其子七兮"，《毛传》："兴也。"……①

这段考辨似有理有据，但在证明上仍小有缺陷：武威汉简上有误字，并不能证明马王堆帛书上一定会有相同的误字；《毛传》说《鸤鸠》见有赋、比、兴之兴，并不能证明《五行》此节的"与"字一定为"兴"字之误。实际上，此节《五行》文中，帛书原文所作"与言也"，更合于全篇"慎独"之义。

试看"与言也"的前后文。"与言也"之前，有："鸤鸠二子耳，曰七也"，说的是"鸤鸠在桑，其子七兮"；之所以忽略"鸤鸠二子"而强调"其子七兮"，当是在强调"相与"之义。"与言也"之后，帛书上有七八个阙字；阙字之后，见"人者……者，义也"，下接"一心也""能为一""以多为一"云云，可见"为一"与"相与"的一、多对比。随后，帛书得出阶段性结论——"君子慎其独"，顺理成章。如改"与"为"兴"，一方面赋、比、兴之兴，在原文中与前后文全不相接，另一方面，删却了帛书原文所见"为一"与"相与"的一、多对比，极大地弱化了君子慎独的"独"义。

结合《鸤鸠》原诗之义可见，帛书《五行》中"鸤鸠在桑"引出的"慎独"，是无偏无私、公平如一的"慎独"，是以五为一、以多为一的"慎独"②；按帛书之说，如能为一，"然后能为君子"，"君子慎其独""慎其心"，"乃德已"——"德

---

① 国家文物局古文献研究室：《马王堆汉墓帛书［壹］》，第26页。

② 参见李学勤主编：《十三经注疏·毛诗正义》卷七，《曹风》第十四，第475～479页。

犹天也，天乃德已。"也就是说，由"鸤鸠在桑，其子七兮"引出的"慎独"，并非停留在举止言行、以多为一的层次（如"言其所以行之义"等），而是从"能为一"，走向"慎其独""慎其心"，走向"德之一"[①]"乃德已"——我们称之"慎其德"的层次。帛书对"德"有明确的界定：德，犹天也；天，乃德已。在此，"天"显然是余英时先生所论轴心突破以后的"天"，"是前所未有的一个超越的精神领域"[②]。

这种"天乃德已""德犹天也"的"慎独"层次，是以"能为一""德之一"为基础的，"一"是"独"的隐喻（metaphor）。在此，"一"既是庄子的"天地与我并生，而万物与我为一"[③]，也是孟子的"万物皆备于我"。[④]不论是庄子还是孟子，此时的"我"，已与"一"不可分，且与天、地并生——言"天地"，强调的是对空间的超越；言"并生"，强调的是对时间、对生死的超越。这样的时、空超越，就是超越古今、超越生死——在《庄子》中，这就是所谓的"朝彻""见独"的境地。

《庄子·大宗师》记女偊语：

> 以圣人之道告圣人之才，亦易矣。吾犹守而告之，参日而后能外天下；已外天下矣，吾又守之，七日而后能外物；已外物矣，吾又守之，九日而后能外生；已外生矣，

---

① "之"为动词，即德臻于一。

② 余英时：《论天人之际》，第32页。

③ 〔清〕郭庆藩：《庄子集释》卷一下，《齐物论》，长沙思贤讲舍本1894年版，第22页。

④ 李学勤主编：《十三经注疏·孟子注疏》卷十三上，《尽心上》，第353页。

而后能朝彻；朝彻，而后能见独；见独，而后能无古今；无古今，而后能入于不死不生。杀生者不死，生生者不生。[①]

“朝彻”之境，见于外天下、外物、外生之后；“朝彻”之后，可以见“独”；见“独”之后，可以超越古今、超越生死。什么是“朝彻”？“朝彻”，最早见于《大宗师》。有学者统计，《庄子》一书共提及“朝”字十二处、“彻”字四处，前者为“早晨”“很短的时间”或“朝廷”之义，后者“均指通义”。[②]成玄英疏“朝彻”：

死生一观，物我兼忘，惠照豁然，如朝阳初启，故谓之朝彻也。[③]

“朝彻”指的是物我两忘、超越生死、豁然彻悟的境地，这是没有问题的。什么是“独”？“朝彻”之后，慧彻空有，豁然无碍，朗悟见“独”。有学者以此处之“独”为“一”，为“道”，为“宇宙之本真”，为“人所觉知的最高的宇宙本源”，是有一定道理的。[④]《大宗师》论“古之真人”：

其好之也一，其弗好之也一。其一也一，其不一也一。

① 〔清〕郭庆藩：《庄子集释》卷三上，《大宗师》，第17页。

② 统计结果有待考核，在此仅作参考。参见杨涛：《庄子“朝彻”说释义》，载《现代语文（学术综合版）》2012年第2期，第6~7页。

③ 〔清〕郭庆藩：《庄子集释》卷三上，《大宗师》，第17页。

④ 唐明邦：《道家道教与直觉思维》，载《中华文化论坛》1995年第2期，第86~91页。

其一，与天为徒；其不一，与人为徒。[①]

其为“一”，则“与天为徒”——如果“独”为“一”，为“人所觉知的最高的宇宙本源”，那么，这里的“一”或“独”，自然具有古人心中无古无今、不生不死的宇宙本性，当然是“与天为徒”，而不是“与人为徒”。这或可成为“朝彻”“见独”的一种解释，从中也不难看见“独”与“天”的关联。

关尹子与子列子论“至人”有：

壹其性，养其气，合其德，以通乎万物之所造。[②]

“壹其性，养其气”，即是广成子所说的“我守其一，以处其和”[③]；守一、处和，则能“合其德”，“其天守全”[④]。在此，守一即是“慎独”，而且是“慎其德”层次的“慎独”——“壹其性”，“合其德”；“天乃德已”，则合于天，“其天守全”。

马王堆帛书《五行》以鸤鸠七子起兴，论述君子“慎独”，所论“慎独”的层次实由“慎其行”“慎其心”逐级向上，达于“慎其德”的层次——所谓“德之一也，乃德已”。当帛书《五行》进而拈出“德犹天也，天乃德已”，此处“慎其德”层次的“慎独”，已合于《庄子·大宗师》的“朝彻”“见独”——无古无今，“与天为徒”，壹性合德，“其天守全”。

“与天为徒”并见于《庄子·人间世》，所论余英时先生

① 〔清〕郭庆藩：《庄子集释》卷三上，《大宗师》，第9页。
② 〔清〕郭庆藩：《庄子集释》卷七上，《达生》，第3页。
③ 〔清〕郭庆藩：《庄子集释》卷四下，《在宥》，第10页。
④ 〔清〕郭庆藩：《庄子集释》卷七上，《达生》，第3页。

认为：

> 不但在中国政治思想史上是石破天惊之论，而且在“天”“人”关系方面也具有划时代涵义。①

这种划时代的涵义就是：

> 在孔子时代……每一个人都受到“天命”的约束，“天命”要人有道德，人也有责任达到“天命”的要求。②

“达到‘天命’的要求”的德，不再是普通的伦理道德之德，而是“德犹天也”之德——它超越了心意的层次，通乎成物，在“慎其德”的层次上“慎独”，不仅“能为一”，而且“德之一”，以实现新“天人合一”。

五、“慎其德”与“内向超越”

“内向超越”是袭用余英时先生之说。需要说明的是，余先生曾专门解释此处的“内向”是相对于西方文明的“外向”而言的：

> 首先必须指出，“内向”这一描述词是以其他文明的“超越”形态为参照系而概括出来的。如果仅就中国而言，

---

① 余英时：《论天人之际》，第38页。

② D. C. Lau（刘殿爵），*Confucius*：*the Analects*（New York：Penguin，1999），28.

> 不与其他文明作比较，则“内向”一词是不必要的。理由很简单：“内向”相对于“外向”而成立。我认为西方文明可以代表“外向超越”的典型；在西方对照之下，中国的“超越”才显出其“内向”的特色。因此无论是说中国“内向超越”或西方“外向超越”，都只能从相对的意义上去理解。①

既然如此，我们这里讨论“慎独”，并未与西方文明对比，为什么不径称“超越”，而仍要袭用“内向”一词，称之“内向超越”呢？

郭店楚墓竹简与马王堆汉墓帛书《五行》，在其第一部分（即楚简本的前二十简、帛书本的第一七〇至一八八列）提出“君子慎其独”之前，都对“五行”之“行”是否“形于内”及其与“德之行”的关系作了区分与界定。楚简《五行》：

> 五行：仁形于内谓之德之行，不形丁内谓之行。义形于内谓之德之行，不形于内谓之行。礼形于内谓之德之行，不形于内谓之□。□□于内谓之德之行，不形于内谓之行。圣形于内谓之德之行，不形于内谓之德之行。德之行五，和谓之德；四行和谓之善。善，人道也。德，天道也。②

简文中的阙字，不难根据楚简的前后文以及帛书《五行》的内容补出，即：“礼形于内谓之德之行”之后，下接“智形于内谓

---

① 余英时：《论天人之际》，第198页。

② 荆门市博物馆：《郭店楚墓竹简》，文物出版社1998年版，第149页。

之德之行”；此外，“圣形于内谓之德之行，不形于内谓之德之行”中，下半句句末的“德之行”，当作“行”，“德之”二字为衍文，整理者均已指出。①

在这一节，简、帛《五行》均以仁、义、礼、智、圣“五行”是否“形于内”为标准，把“五行”分作普通的“行”与“德之行”两组。如按前文“慎独”三个层次的划分，普通“五行”之“行”并不“形于内”，当属于外在的“慎其行”的层次；而“五行”的“德之行”皆“形于内”，当属于内在的“慎其心”的层次；但“五行”单个的“德之行”，并未达到“慎其德”的层次，因为“四行和”“谓之善”，只有五行和，才谓之德，即“德之行五，和谓之德”，这才超越了“慎其行”“慎其心”的层次，而达到“慎其德”或“德，天道也”的层次。有学者认为，“德之行五，和谓之德”之“德”，“若从‘天’那一方面来看，则是天道在人心中找到了自己的形式，通过人心将自己最终完成，所以说：‘德，天道也’”②，则颇为费解：“天道”如何需要“通过人心将自己最终完成”？诚如是，那么，没有最终完成的“天道”是怎样的？完成了的“天道”又是怎样的？按照这样的理解，“德，天道也”则不再是“德犹天也”，也不是“与天为徒”，而是“天道”下行，与“德”为徒，藉“德”而成。这不是我们所理解的简帛《五行》之义。③我们所理解的楚简与帛书《五行》的“五行”，其“行”分

---

① 荆门市博物馆：《郭店楚墓竹简》，文物出版社 1998 年版，第 151 页注四。

② 庞朴：《天人三式——郭店楚简所见天人关系试说》，见武汉大学中国传统文化研究中心编：《郭店楚简国际学术研讨会论文集》，湖北人民出版社 2000 年版，第 32～33 页。

③ 对此，学者另有不同见解，参见余英时：《论天人之际》，第 176～177 页。

"形于内"与"不行于内"之"行"，其"慎独"分"慎其行""慎其心"与"慎其德"的层次；不论是"形于内"的"德之行"，还是"慎其心""慎其德"层次的"慎独"，都是"内向"的、求诸内心的，而"内向"的、求诸一己之内心的主体，是人，而不是"天道"。所以，即便不与西方文明作比较，我们认为"内向"一词仍有必要在此沿用，因为它强调了简帛"五行""形于内"的特征。

楚简的整理者同时指出，楚简《五行》与帛书《五行》所论"不行于内"与"行于内"的"五行""德之行"的排序，是有区别的：

> 简文以上一段中所述五行之序，为仁、义、礼、智、圣。帛书此段严重残损，所述五行，后二者为礼、圣，前三者据整理者所补文字，依次为仁、智、义。其次序与简本有异。①

也就是说，楚简中"五行"之"行"、"德之行"的顺序是仁、义、礼、智、圣，而帛书中的相应顺序，则是仁、智、义、礼、圣。这两个顺序孰优孰劣，与我们目前的论题直接关系不大；但仁、义、礼之序与"德"的关系，却是值得关注的。我们曾有讨论，楚简《五行》第二部分（即楚简本第二〇号简"不聪不明，不圣不智"开始至篇末）中德、仁、义、礼之序与帛书《五行》相应部分顺序不同。我们认为，与帛书《五行》相比：

① 余英时:《论天人之际》，第176～177页。。

> 楚简《五行》第二部分的结构是圆融浑然的：第一层以聪明圣智开篇（承第一部分所论），总论德、仁、义、礼；第二层申论聪明圣智之论，一方面详说五行和谓之“德”，一方面以四行和谓之“善”引出仁、义、礼，承上启下；第三层详论仁、义、礼；第四层总说好仁者、好义者、好礼者、好德者，既总结第二部分所论，又与全篇篇首仁、义、礼、智、圣五行之说呼应。①

而帛书《五行》相应部分的顺序或结构，初看似颇为完美，“所论层层推进，‘仁’、‘义’、‘礼’、‘德’之序也一一相应”，但其中“原本属于‘颜色容貌温，变也’一段的内容，两者本是意义相续的一个整体，而这一整体却被‘智、圣’之论从中打破。这种情形只能是帛书作者改编经文的遗痕；在楚简《五行》中，这一问题根本不存在”②。

在楚简《五行》中，不仅不存在这种改编之迹，而且楚简《五行》第一部分从首简以“五行”开篇即提出“德之行”，到第一八简的“君子之为德也”、第一九简的“金声而玉振之，有德者也”、第二〇简的“德，而〈天〉……有德者，然后能金声而玉振之”结束，对“德”的强调、以“德”贯之的主旨，是非常明确的。这种对“德”的强调，是简、帛《五行》提出“君子慎其独”的基本背景，故也构成了“君子慎其独”的内容。这样的“君子慎其独”，是可以超越“慎其行”“慎其心”层次，进而达到“慎其德”层次的君子“慎独”。

---

① 邢文：《楚简〈五行〉试论》，载《文物》1998年第10期，第57～61页。
② 邢文：《楚简〈五行〉试论》，第58页。

我们说孟子的"不得志，独行其道"是"慎其行"层次的君子"慎独"，但孟子的这种"慎其行"与"慎其闲居之所为"的"慎其行"是不同的，因为孟子"慎其行"的"独行"，行的是"道"。这一"道"至少有两层涵义：一是人道，包括儒家理想人格之道——"既承担社会责任又坚持个体自由，既遵循外在的权威也听从内心的召唤"①；一是天道，"尽其心者，知其性也；知其性，则知天矣"②——"德犹天也，天乃德矣"。可见，简、帛《五行》的"德之行"与"君子慎其独"，孟子的"独行其道"与"尽心""知天"，不仅贯通了君子"慎独"的"慎其行""慎其心"与"慎其德"三个层次，而且以"人心深处"的一条密道"上通于天"，使君子以个人身份通达天人之际，使"轴心思想家"或汤因比称作"创造少数"［"creative minority"］的"文化精英（elite）阶层"实现他们的"新'天人合一'"。③

这种"新'天人合一'"的完成，是"内向超越"的结果；这条心灵深处的通天秘道的打开，是"内向超越"的途径——与三个层次的"慎独"一样，"内向超越"是儒家完善个人人格、实现个体价值并担当社会责任的重要途径，因为只有"内向超越"，才要求"慎独"不能仅停留在"慎其行"的层次，而是要上升到"慎其心""慎其德"的层次；也只有在"行"

① 朱鸿林、贾晋华、曾振宇：《"社会责任与个体价值：古典儒学的现代启示国际研讨会"邀请函》，香港理工大学人文学院、香港孔子学院，2018年6月15日。这种"社会责任与个体价值"的内外兼修，使得"儒家'修身'的最后目的"能够"永远是'泽加于民'"，参见余英时：《士与中国文化》，上海人民出版社1987年版，第150页。

② 李学勤主编：《十三经注疏·孟子注疏》卷十三上，《尽心上》，第350页。

③ 余英时：《论天人之际》，第205及163页等。

“心”“德”三个层次上“慎独”，儒家个体才可能既坚持独立自主的理想人格，又能有能力在更高的层次上担当社会责任，因为维护人类尊严、保护全球生态是“天人合一”的当代意义，只有超越世俗的通天之“德”，才能在全球、全人类乃至全宇宙的维度上维护个体之“一”、社会之“一”与宇宙之“一”的尊严、担当个体之“一”、社会之“一”与宇宙之“一”的责任——德，犹天也；天，乃德矣，“苟不至德，至道不凝焉”①。

《中庸》引古语“苟不至德，至道不凝焉”，同时也是在说明“为政在人”②：

> 苟非至德之人，则圣人至极之道不可成也。③

这是孔子“为政以德”之论的发展。孔子曰：

> 为政以德，譬如北辰，居其所而众星共之。④

孔子以众星拱北辰喻德，德犹北辰在天，或为思孟《五行》“德犹天也，天乃德矣”说之源。从孔子的“为政以德，譬如北辰”，到子思、孟子的君子“慎其独”“慎其心”“德之一”与“德犹天也”，我们看到的不仅仅是轴心时代儒学大师的“精神

---

① 李学勤主编：《十三经注疏·礼记正义》卷五十三，《中庸》第三十一，第1455页。

② 李学勤主编：《十三经注疏·礼记正义》卷五十三，《中庸》第三十一，第1455页。

③ 李学勤主编：《十三经注疏·礼记正义》卷五十三，《中庸》第三十一，第1455页。。

④ 李学勤主编：《十三经注疏·论语注疏》卷二，《为政》第二，第14页。

觉醒”与“原创性的‘超越’（original transcendence）”①，不仅仅是尧、舜、禹、汤、文王、周、孔以及思、孟的“道统之传”②，而且更是“中国在轴心时期及其后都一直凸显出历史的连续性”③，这种连续性以整个宇宙所有组成部分以参与者的身份同属于同一个有机整体的宇宙论为基础。④这种连续是人类几大古代文明中唯一不曾中断的连续，是轴心时代以来对于现实世界的反思性、批判性以及对于人类自身的修身养心、明心见性、性自命出、命自天降、天人合一的“内向超越”的连续。不论是“天乃德矣”还是“天人合一”，古典儒学的天、人之学，在当今及今后充满危机的天、人关系中，无疑具有跨时空、跨文化的重要指导意义——人类的共同命运，需要自律性、反思性与超越性的“慎其行”“慎其心”与“慎其德”，所谓“善，人道也；德，天道也。”⑤

---

① 余英时：《论天人之际》，第77页。

② “道统之传”，引自《中庸章句序》，见朱熹：《四书章句集注》，第14页。道统问题，参见余英时：《朱熹的历史世界：宋代士大夫政治文化的研究》，三联书店2004年版，第7～35页。

③ 余英时：《论天人之际》，第78页。西方学者多有认为，即便是中国思想史、文化史上有“突破”，与其他文明的突破相比，中国的突破也是“最不激烈”（least radical）或“最为保守”（most conservative）的，“在古代世界是属于最温和的一型，”参见辛华、任菁编：《内在超越之路——余英时新儒学论著辑要》，中国广播电视出版社1992年版，第147页。

④ Frederick F. Mote（牟复礼），*Intellectual Foundations of China*（New York：Alfred A. Knopf，1971），18～19.

⑤ 荆门市博物馆：《郭店楚墓竹简》，第149页；国家文物局古文献研究室：《马王堆汉墓帛书［壹］》，第17页。

当代哲学的身体转向与儒家的修身之道

韩　星　中国人民大学

一、当代哲学的“身体”转向

当代人类哲学正处于一个“范式”的转型期，即从现代主义向后现代主义转型，具体来说就是从形而上向形而下的转向，从思辨世界向生活世界的转向，从意识哲学向身体哲学的转向。其中“身体性”问题从“遮蔽”逐渐走向“澄明”，成为目前西方学界关注的重要话题，不仅渗透于诸多哲学问题的探究之中，而且还影响至其他学科领域，形成“身体现象学”“身体伦理学”“身体美学”等等。从这个意义上说，“身体”已经是现代学术思想言述的重要视角之一。

西方哲学对于灵魂和肉体的关系，一直是一种二元对抗的思维模式。两希传统中，一直就存在着身心的紧张乃至冲突。在希腊，苏格拉底认为灵魂和肉体作为独立的实体，前者是后者的使用者和支配者，比较强调肉灵对立中对肉体完全驾驭的一面。在柏拉图的哲学中身体和灵魂的二元对立是一个基本构架。《斐多篇》中关于灵魂的著名神话就把肉身看成不仅是高耸的令人恐怖与战栗的围墙，同时更是一个温柔的陷阱，罪恶的渊薮，堕落的胎盘，灵魂与肉体的结合只不过是理念堕落的结果。在《高尔吉亚篇》中柏拉图也贬低身体，认为是身体的欲望和需求导致了尘世间的苦难和罪恶。在《理想国》中柏拉图同样对身体的满足感嗤之以鼻，强调灵魂的快乐足以压倒身体的满足。而在希伯来，神学家保罗则说："我以神的慈悲劝你们，将身体献上，当作活祭。"（《新约·罗马书》12：1）诺斯底主义基本上相信的就是善恶二元论的思想。他们认为物质是恶的，灵性是善的。所以，在他们的思想中，人的肉体是恶的，是败坏的，是灵魂的监狱。奥古斯丁将上帝之城与世俗之城对立起来。前者居住的是上帝拯救的人，后者居住的是被上帝抛弃的人。欲望的身体无法通达上帝之城，上帝和身体的关系就犹如柏拉图理念和身体的关系。奥古斯丁使禁欲主义拉开了漫长序幕，中世纪教会和修道院的历史就是身体郁郁寡欢、沉默无语的历史。文艺复兴和宗教改革使身体走出了神学的禁锢，获得了巨大的解放和赞美。

当代英国哲学家怀特海讲，"两千年的西方哲学史都是柏拉图的注脚"①。有关灵肉二分思想在柏拉图那里是隐秘而曲折的起源，到了近代意识哲学，特别是笛卡尔那里，灵魂和肉体的二元对立更为凸显。二者是两个独立不依的实体，彼此互不关联，有着根本的不同，不能相提并论：肉体是在空间中延展的、可以被分割的广延物，而灵魂则是非空间的、不可以分割的实

① 〔英〕怀特海著，杨富斌译：《过程与实在》，中国城市出版社 2003 年版，第 70 页。

体存在。“我思故我在”，“我”的本质是我的精神或我的灵魂，它是跟我的身体根本有别的，没有身体它也照样可以存在。而作为肉体的身体是“虚伪的”“骗人的”，他甚至将身体比拟为心灵的“铁镣”。[①] 因此，笛卡尔哲学实质上是一种“尊”心“卑”身的哲学。笛卡尔以身心割裂、对立的二元论奠定了现代性得以展开的理论基石，其后的哲学家像莱布尼茨的“预定和谐论”、斯宾诺莎的“身心合一论”等都是在试图解决身心的同一性问题。到黑格尔这里，身体的问题最后被看成是“绝对理念”异化的结果，人被彻底地抽象为意识和精神，人的历史被抽象为意识和精神的历史。正如当代美国著名分析哲学家塞尔（J. R. Searle）所言，近代哲学在处理身心关系实质上是一种“还原主义的思维偏向”，作为肉体的身体被强行纳入巨大的思辨体系之中，肉体仅仅被还原成了一个概念或者符号，抑或是一架毫无生气的机器。“人们不怎么在哲学中谴责身体了，但这也意味着身体消失了，消失在心灵对知识的孜孜探索中。以前，人们压制身体，是因为身体是个问题；现在，人们忽视身体，是因为身体不再是个问题。以前，神学总要警告身体；现在，科学不再理睬身体。以前，信仰因为身体的捣乱要管制身体；现在，理性因为身体的反智性而放逐身体。”[②] 真正开始“身体”转向的是费尔巴哈。他说：“身体属于我的存在；不仅如此，身体中的全部都是我自己，是我特有的本质。”“旧哲学的出发点是这样一个命题：‘我是一个抽象的实体，一个仅仅思

---

① 〔法〕笛卡尔著，庞景仁译：《第一沉思录》，商务印书馆 1986 年版，第 90 页。

② 汪民安，陈永国：《后身体文化、权力和生命政治学》，吉林人民出版社 2003 年版，第 8 页。

维的实体，肉体是不属于我的本质的’；新哲学则以另一个命题为出发点：‘我是一个实在的感觉的本质，肉体总体就是我们的自我，我的实体本身。’”① 这就开始突破了西方长期以来实体主义的藩篱，走向非实体主义。尼采是真正实现西方哲学身体转向的哲学家，他蔑视自柏拉图到黑格尔以来的所有哲学传统，他明确提出了“一切从身体出发”的口号，将人看成是身体的存在。尼采说：“这就是人的肉，一切有机生命发展的最遥远和最切近的过去靠了它又恢复了生机，变得有血有肉。一条没有边际、悄无声息的水流，似乎流经它、超越它、奔突而去。因为，肉体乃是比陈旧的‘灵魂’更令人惊异的思想。无论在什么时代，相信肉体都胜似相信我们无比实在的产业和最可靠的存在。简言之，相信我们的自我胜似相信精神。”② 在《查拉斯图拉如是说》中他说：“我是肉体与灵魂。”“我整个地是肉体，而不是其他什么；灵魂是肉体某一部分的名称……被称为‘精神’的，是你的肉体的工具，你的大理智的小工具与小玩物。”③在尼采看来，生命是唯一的存在，生命之外一无所有，存在是生命之自我创造和自我毁灭的永恒回复。而生命是肉体，因此，不是上帝（理性）创造了肉体，而是肉体创造了上帝（理性），是肉体的生生死死的本性赋予了上帝的本性。

在这种“身体”转向中身体现象学异军突起，诸多现象学家如胡塞尔、舍勒、马塞尔、萨特、庞蒂、施密茨、Straus、Jo-

① 〔德〕费尔巴哈著，荣震华译：《费尔巴哈哲学著作选集》上卷，商务印书馆 1984 年版，第 169 页。

② 〔德〕尼采著，张念东、凌素心译：《权力意志》，中央编译出版社 2000 年版，第 22 页。

③ 〔德〕尼采著，尹溟译：《查拉斯图拉如是说》，文化艺术出版社 1987 年版，第 31 页。

nas 等等都曾致力于身体之维的探究。在现象学家看来，身体绝不只是世界之中的一个物体，相反世界的存在恰恰是通过身体这一中介的。身体现象学的特色在于从现象学的角度对身体所进行的研究，具体来说，它要避免一切先入的理论成见，一切有关身体的科学理论、文化习见均得被搁置一边，无论生理学、生物学、化学告诉了我们多么正确的身体知识，无论机械主义、机体主义对身体有多么思辨的见解，这一切东西从根本上讲，都还只是一些"身体理论"而非"身体现象"。身体现象学瞄准的是"身体现象"而非"身体理论"。"身体现象"的着眼点是身体之为身体，注重身体是如何显现的，身体给予我们的"源始现象"情形如何才是身体现象学的主题。现象学家诉诸现象学方法其旨趣就是要让此"源始现象"从遮盖它的种种身体理论中挣脱出来而如其所是地得以展现。但是，何谓"源始现象"？何谓现象学方法？这在不同的现象学家那里是有不同的看法的。胡塞尔（Edmund Husserl）有着独特的贡献，他首先提出了"现象即本质"的现象学方法，提出了诸如"主体间性""生活世界""他我"等一系列与西方传统哲学大异其趣的概念，为西方哲学中"身体性"问题的根本性转向埋下了伏笔。例如，"意向性"理论的提出（所谓意识的"意向性"即意识之于其对象的关联性），实际上就是试图弥合传统西方哲学中由于认知主义所造成的"个别/一般""现象/本质"之间根深蒂固的巨大裂痕。身心二元论只不过是"个别/一般""现象/本质"等西方传统哲学中普遍存在的二元对立结构的具体表征。由意向活动和意向对象取代了传统西方哲学中的认识主体和认识客体，就将一种"你死我活"的对立斗争转化一种双向的交互关系，使肉体和心灵在意向活动中彼此关联，成为一个息息相关的生命整体。“意向性”理论也成为日后其他现象学家解决身心对立问题的最根本性原则。因此，可以说胡塞尔的意向性理论为解决肉体和心灵二分的问题提供了方法论意义上的必要准备。另外，主体间性的发现。在发生现象学阶段，胡塞尔为了摆脱其学说具有一种露骨的唯心主义“唯我论”嫌疑的指责，他意识到仅仅从“经验自我”走向“先验自我”是不够的，只有从“主体间性”的视域出发，从“自我”走向“他人”，这个问题才有可能得到解决。因此，在处理自我与他人的关系时，胡塞尔需要首先解决我的先验意识与别的先验意识之间的关系问题，为了避免重新堕入“灵魂与灵魂对话”的柏拉图模式或者像笛卡尔那样对肉体中止判断，使自我作为心灵完全坠入心理主义的深渊①。梅洛·庞蒂（Maurice Merleau-Ponty）的“身体哲学”即是对现象学的继承，也是对现象学的极具独创性的解读和发展，他将“现象之身”提升到哲学本体论的高度，传统的身体“工具”的概念被彻底抛弃，身体不是单纯的工具，它还是我们自身在这个世界中的表达，身体成了意义世界开显的场所。在《知觉现象学》中，梅洛·庞蒂运用了大量心理学和生理学的事实证明肉体和心灵的不可分性，“灵魂和身体的结合不是由两种外在的东西——一个是客体，另一个是主体——之间的一种随意决定来保证的。灵魂和身体的结合每时每刻在存在的运动中实现”②。他以格式塔心理学为背景提出了“身体图式”的概念，从身体出发消解肉体和心灵的对立，“我在一种

① 李重：《身体的澄明之途——对西方哲学中的“身体性”问题的思考》，载《西安交通大学学报（社会科学版）》2006年第5期。

② 〔法〕莫里斯·梅洛·庞蒂著，姜志辉译：《知觉现象学》，商务印书馆2001年版，第125页。

共有中拥有我的整个身体。我通过身体图式得知我的每一条肢体的位置，因为我的全部肢体都包含在身体图式中”[①]。“只有当我实现身体的功能，我是走向世界的身体，我才能理解有生命的身体的功能”[②]，因此，“身体”是在与世界交往过程中实现自身的，是意义的“纽结”，是“意义的发生场”。他提出“挺身于世界”，世界的意义就在身体知觉的感知中不断地拓展、延伸，身体和世界联系的范围也不断扩大，最终成为一种休戚相关的关系，即“世界之肉”。梅洛·庞蒂以“世界之肉”来隐喻身体，以此去更加如其自身那样地来显示野性的、蛮荒的生活世界。梅洛·庞蒂还提出“身体间性”（intercorporéité）的概念，指出“身体是这种奇特的物体，它把自己的各部分当作世界的一般象征来使用，我们就是以这种方式得以‘经常接触’这个世界，‘理解’这个世界，发现这个世界的一种意义”[③]。这样，他剥夺了意识看似不可移易的独立性和主动性，将意识交付给作为整体的“身体”，使其成为我们进入世界，认识他人的唯一出口。总之，梅洛·庞蒂的“身体”不再是作为意识对象，或者是生物学意义上的诸器官的组合，而是一种将“身体”至于一种处境当中，将“身体图式”与“世界图式”合二为一的“活”的有机整体[④]。

在社会学领域，福柯开了社会学家探究社会机制建构、重构身体的先河，他看到了社会的各种各样的实践内容和组织形式，它的各种各样的权力技术，它的各种各样的历史悲喜剧，

---

① 〔法〕莫里斯·梅洛·庞蒂：《知觉现象学》，第135页。
② 〔法〕莫里斯·梅洛·庞蒂：《知觉现象学》，第109页。
③ 〔法〕莫里斯·梅洛·庞蒂：《知觉现象学》，第302页。
④ 李重：《身体的澄明之途——对西方哲学中的“身体性”问题的思考》。

都围绕着身体而展开角逐，都将身体作为一个焦点，都对身体进行精心的规划、设计和表现，将身体作为纷乱的社会组织中的一个醒目的中心焦点凸现出来。他深受尼采的影响，将身体置于权力运作的中心进行探索，他通过对疯癫、性、监狱、医疗制度所做的谱系学的考察，将身体置于权力运作的中心，指出，自古典时代以来，身体就被当作权力的对象和目标，遭遇被操纵、改造和规训的命运。它“直接卷入某种政治领域”，“权力关系直接控制它，干预它，给它打上标记，练习它，折磨它，强迫它完成某些任务、表现某些仪式和发出某些符号”；“其目的不是增加人体的技能，也不是强化对人体的征服，而是要建立一种关系，要通过这种机制本身来使人体在变得更有用时也变得更顺从，或是因更顺从而变得更有用”[①]。奥尼尔（John O'Neill）在《身体形态》一书中，提出五种身体：（1）“世界身体”。“人们通常是以自己身体来构想宇宙以及以宇宙来反观其身体——宇宙和人类身体之间存在着一种和谐性和整体性。”“人类是通过其身体来构想自然和社会的。这也就是说，人类首先是将世界和社会构想为一个巨大的身体。以此出发，他们由身体的结构组成推衍出了世界、社会以及动物的种属类别。”[②]（2）社会身体。它构成了内在于公共生活的深层交往结构，身体是社会秩序与价值的象征，如左手与右手的二元对立在某些社会中就具有社会与宗教的意义。（3）政治身体。在古希腊城邦系统被视为源自一个“最早的城市”，即“一个放大了

① 〔法〕福柯著，刘北成译：《规训与惩罚：监狱的诞生》，三联书店 1999 年版，第 156 页。

② 〔美〕约翰·奥尼尔著，张旭春译：《身体形态——现代社会的五种身体》，春风文艺出版社 1999 年版，第 16～17 页。

的身体”，城邦组织系统的和谐如同身体的诸器官之间处于和谐的统一状态一样。（4）消费身体。这是需求的身体，它是商业美学所利用的资源、时装工业算计的对象。（5）医学身体。身体的医学化是身体全面工业化的一个重要的组成部分，“我们生命中的每一个阶段——怀孕、生产、哺育、行脚、疾病、痛苦、衰老、死亡等——均置于职业化和官僚化中心的处置之下”①。英国社会学家吉登斯在对现代性下自我认同的研究中，也非常重视身体的因素，他指出：“自我，当然是由其肉体体现的。对身体的轮廓和特性的觉知，是对世界的创造性探索的真正的起源。”“身体不仅仅是我们‘拥有’的物理实体，它也是一个行动系统，一种实践模式，并且在日常生活的互动中，身体的实际嵌入，是维持连贯的自我认同感的基本途径。”②

应该看到，随着西方世界进入现代工业社会，西方哲学的身体转向则出现了两极化的倾向：一方面理性主义的幽灵借助现代科学技术的强大力量而得以借尸还魂，由原来的思辨理性一跃成为宰制性的工具理性和技术理性，肉体沦为生产流水线上的机器，成为一种工具符号，肉体的日常话语权被剥夺殆尽。19 世纪，特别是进入 20 世纪，资本主义生产力的迅速发展接踵而来的是频繁经济政治危机和两次毁灭性的世界大战，社会又产生了一系列积重难返的新的问题，诸如人的异化、南北差距、两极分化、生态恶化和霸权主义，以及新近的文明冲突、宗教和种族冲突、恐怖主义等，无不与这倾向有关。另一方面，肉

---

① 〔美〕约翰·奥尼尔：《身体形态——现代社会的五种身体》，第 123 页。

② 〔英〕吉登斯著，赵旭东、方文译：《现代性与自我认同》，三联书店 1998 年版，第 61 ~ 62 页、第 111 页。

体刚刚突破道德藩篱，现在又不自觉地自我放纵和沉沦于物欲的陷阱之中，按照资本主义的发展逻辑，不断打开别人的市场，制造欲望，刺激欲望，然后自己控制欲望，掌握话语权，掌握资源，谋取暴利，依此衍生各种政治纷争、外交纷争、军事纷争。性欲、物欲、权利欲，现代人真是欲火纷飞，湮没于肉体的欢愉和感官的刺激之中。在哲学上，从福柯的《规训与惩罚》《疯癫与文明》，德勒兹和伽塔里的《反俄狄浦斯》，到巴特耶的《色情史》，等等，他们的理论把人类的历史看成无非是“肉体”的历史的变奏。还有西方大批女权主义者、文学家、艺术家把肉体视为“整个社会的一个隐喻”，以肉体的差异性、多样性、可变性对抗现代科学理性的同一性、不变性、抽象性。显然，现代科学理性对肉体的摧残迫害与后现代主义对肉体性的推崇备至正构成现代社会的一个悖论，是二元对抗思维模式的极端化，是一种非此即彼的哲学态度。因此，这种“身体”转向本质上就“是一种矫枉过正的哲学文化思潮。它对理性、基础、中心、进化的彻底否定，它所运用的单一的‘逆向思维’的方法，又使它以偏概全地从一个极端走向另一个极端，其‘深刻的片面’方式是一种典型的‘要么全部，要么全不’的法国式思想模式的体现”①。

中国当代哲学怎么认识这种身体转向呢？哲学界普遍有一种观点，认为西方当代哲学的身体转向是中国哲学研究范式转换的一个重要契机，沿着这一思路试图深化中国哲学的研究，并提出了一些有价值的观点，如有学者说：

① 张再林：《后现代主义与中国传统文化》，载《人文杂志》2002 年第 2 期。

原本意义上的中国古代哲学一开始就是一种旗帜鲜明的身体哲学。

这种所谓的身体哲学，我认为它是一种完全不同于西方意识哲学的、具有全新“范式”的哲学。该区别即：如果说传统西方哲学是一种以意识为其根本的哲学，是一种意识本体论的哲学的话，那么与之迥异，中国古代哲学则为一种以身体为其根本的哲学，是一种身体本体论的哲学。不是“意识”而是“身体”始终被置于中国哲人关注的中心，不是“我思故我在”而是“安身方可立命”应被视为中国古代哲学的堪称纲领性的结论。具体来说，这种区别最显著的表现在它们的哲学对象上，如果说传统西方哲学是以意识、范畴、宇宙为研究对象的话，那么中国古代哲学则是以身体、两性、家庭或家族为研究对象的，所以身体、两性、家庭或家族就成为一组别具一格式的中国古代哲学的范畴。这些范畴可以说体现在中国古代哲学的所有领域，比如说体现在宇宙论、伦理学、宗教观，乃至中国哲学整个的发展历史过程当中。[①]

他强调：“中国哲学之真正本体，其为渊源于周易和周礼的‘身体’，而并非为宋明理学所强调并为今人所热议、所醉心的‘心体’。”[②] 在这个基础上，他认为：如果说西方哲学史是一我思之于我思对象不断逼近的线性论的历史的话，那么中国哲学

---

① 张再林：《为什么要研究中国古代的“身体哲学”？——张再林访谈录》，见《作为身体哲学的中国古代哲学》，中国社会科学出版社2008年版，第257页。

② 张再林：《作为身体哲学的中国古代哲学》，第6页。

史则体现为一根身的道体一辟一阖的循环论的历史。就其大致脉络而言，先秦哲学标志着身体的挺立，宋明哲学则意味着身体的退隐和与之相谐的心识的觉醒，而明清哲学则代表着向身体的回归的运动，并宣示："身体是中国哲学走向世界的桥梁，又是中国哲学步入今天之通途达道。"①这种以西方身体哲学的基本思路和逻辑来解读中国哲学本来是具有新意的，但是如果把中国哲学中的"身"与西方现代哲学转向的身体哲学的"身体"进行比附，也会有枘凿方圆的问题，把整个中国哲学史简化为身体哲学的历史大概也有以偏概全的弊端，最终把作为中国哲学本源之一的身体提升到一种身体本体论的高度，反而正好可能使中国哲学在新的意义上丧失自己的独立性、主体性而成为西方哲学的附庸。

之所以现在有学者们对这个问题有偏向于身的提法，从根源上说人类自从诞生那一天起身与心、灵与肉就是处于对立统一之中，为此，不同的文化对这问题的处理也是在对立中寻求统一，在紧张中寻求平衡。从中国思想发展演变上说，大致来说，太古哲学是以形躯起念的，"人类最原始、最素朴的哲学语言乃是纯粹依形躯而起念的哲学语言"②。这里的"形躯"即所谓的"根身"。到了春秋战国，中国思想迎来了多元化自由竞争的历史机遇，人文的转折与理性的建构，奠定了中国文化未来发展的方向和道路，以后成就逐渐走向了心为主宰，身心合一、体用不二的基本结构。尽管仔细区分起来比较复杂，如儒家有

① 张再林：《作为身体哲学的中国哲学的历史》，载《西北大学学报》2007年第3期。

② 唐力权：《周易与怀特海之间——场有哲学序论》，黎明文化事业有限公司1986年版，第13页。

“二源三派”①；道家道教虽然容易被人们简单认为是以身体内修炼为主，但其实也是在心身不二、性命双修的意义上讲身体内修炼的；医家虽然是直接治疗身体疾病的，但是从来不是西方的头痛医头，而是非常强调心性修养才是身体健康的根本。但是，应该看到，宋明理学，特别是陆王心学确实有把心极端化，偏向心性形而上学的倾向，并以此作为儒家的正统，即“道统”，并为现代新儒家在继承之后特别凸显出来，所以有一度的所谓唯心主义的批评，有今天学人受西方哲学身体转向影响对身体哲学的钟情。这种转向是非常必要的，但也应警觉一种强调身体挺立或“回归”而相对忽视心的矫枉过正的做法。“我们现在可以去做并能做好的，也许还是如何实现身与心的有效对话问题，发掘中国文化中‘身体’之‘内外交辉’（黄俊杰语）的特质问题，从而在‘一辨心香’与‘身体之花’之间实现动态的对话、平衡与互补。”②

二、身心一体、心为主宰：儒家身体观的主流形态

（一）身、身体的含义

儒家修身的“身”到底是什么含义？《说文》：“身，躬

① 杨儒宾《儒家身体观》提出先秦儒家身体观的二源三派说：一、践形观：强调形—气—心结构，主张生命与道德合一，人身乃精神化身体。（孟子）二、自然气化说：强调自然与人身同是气化产物，存在着内在感应。在秦、汉后蔚为大宗，但《管子》两篇精气说及《左传》《易传》等文献已见梗概。三、礼义观：社会化的身体，强调人的本质、身体与社会的建构分不开。（荀子）杨儒宾进而指出，践形观可视为精神化的身体观，气化身体观可视为自然气化/宇宙化的身体观，礼义身体观可视为社会化的身体观。纳入形躯生理意义上的身体，更可名之为儒家“四体一体的身体观”，“四体绵密地编织于身体主体之上”。杨儒宾：《儒家身体观》，“中研院”中国文哲研究所筹备处 1996 年版，第 7～9 页。

② 燕连福：《中国哲学身体研究的三个向度》，载《哲学动态》2007 年第 11 期。

也。象人之形。”清王引之《经义述闻·通说上》:“人自顶以下，踵以上，总谓之身。颈以下，股以上，亦谓之身。”《字汇·身部》:“身，躯也。耳目鼻口百体共为一身。”这些都说明身的本义是人的躯干，这个意义上的“身”常常是与“心”相对的。“身”除了表示形躯的基本意思之外，还有相近的概念如“体”:体验、体察、体认、体贴、体会、体恤、体谅、体行等。相关的概念有食、色、性（性欲）、六欲（生、死、耳、目、口、鼻）等属于生物本能方面的。可见，“身”在中国思想中有狭义即形躯结构的含义和广义即统摄形、气、心而为形神相合、身心一体的生命整体的含义。儒家之“身”不简单是形躯之身，更多时候实为生命、人格的另一种表述①。生命作为一个整体，身与心、形与神、内与外、大与小、现象与本质、部分与整体始终是不可割裂地融合为一有机体而存在、成长。

（二）身心一体

中国人的身体观与西方二元分立不同，是在身心和合中讲分别，合中有分，分则仍合。尽管在中国思想史上也存在着心性与身体的断裂，理念对肉身的压抑，但身心一体、心物一如才是主流，不存在与心无关的“身”，也不存在把形躯、欲望、情感都剔除掉的“心”，身心的互渗、交融与转化才是身体观的主要脉络。日本学者汤浅泰雄早就论及这个问题，认为东方包括印度、中国、日本在内的民族其身体观的突出特点是“身心

① 周与沉:《身体：思想与修行》，中国社科出版社2005年版，第132页。

合一”[①]，西方著名中国哲学史家如安乐哲（Roger T. Ames）等也认为中国哲学的“身体”是一种“身心互渗的过程”[②]。因此，在儒家思想发展过程中，“心性论与身体论乃是一体的两面，没有无心性之身体，也没有无身体之心性。身体体现了心性，心性也性着了身体”[③]。

儒家认为人的身与心是浑然一体的，言身必言心，言心必言身，两者是不可分割的，也不是二元对立。孔子注重整全人格的存在，强调身心一体才能代表完整的自我。《论语·季氏》：“君子有三戒：少之时，血气未定，戒之在色；及其壮也，血气方刚，戒之在斗；及其老也，血气既衰，戒之在得。”孔子对人们“三戒”的告诫就是在承认人性本能和生理—身体特点的基础上强调心理—精神调节，以保全生命的健康和人格的完善。

孔子认为仁是人之为人的本质。《论语·里仁》载孔子说：“我未见好仁者，恶不仁者。好仁者无以尚之，恶不仁者其为仁矣，不使不仁者加乎其身。”好仁者积极地行仁，恶不仁者只是消极地拒绝不仁。无论是积极行仁还是消极拒绝不仁，最终都归结到自我的主观能动性。“实际上仁是人性的核心，没有仁，人就不能成为真正的人。仁作为能力的美德和行为的愿望由个人尽心尽力地实现，因此它便与心和身都有了联系，并且在形成一个理想目标及实现这一目标的理想行为的参观中，将身心

① 〔日〕汤浅泰雄著，马超译：《灵肉探微——神秘的东方身心观》，中国友谊出版社 1990 年版，第 8 页。

② 〔美〕安乐哲：《中国古典哲学中身体的意义》，载《世界哲学》2006 第 5 期。

③ 杨儒宾：《儒家身体观》，第 1 页。

联在了一起。”[①] 仁也是孔子心目中最高的道德理想，当“仁”与“身”相辅相成时有利于人的健康长寿，《论语 · 雍也》载孔子说：“仁者寿”，《礼记 · 中庸》引孔子：“故大德……必得其寿。”但当“仁”与“身”发生矛盾，不能兼得时，孔子又提出了杀身成仁的观点。“子曰：‘志士仁人，无求生以害仁，有杀身以成仁。’”（《论语 · 卫灵公》）杀身成仁其实是生命价值的最高体现，虽然从个体生命的角度来讲是不得已而为之。

《大学》提出“德润身，心广体胖”，说明道德修养与身体健康是相辅相成的。《易传 · 文言》也说：“君子黄中通理，正位居体，美在其中，畅于四肢，发于事业。”也是从身心一体的角度来谈君子修之于内而发之于外，内圣外王，和谐美好的人格境界。

孟子把身心之学更往心为主宰的方向大大地发展了，他把心十字型地立体打开。在《孟子 · 尽心上》中他一方面说：“尽其心者，知其性也。知其性，则知天矣。存其心，养其性，所以事天也。”赋予心下学上达的知性、知天功能；另一方面又说：“形色，天性也。惟圣人然后可以践形。”认为心能有诸内而形诸外。所谓“践形”是指人的道德精神可以充实浮现于人的身体，是道德涵养经由身体的外在显示。他继续说：“君子所性，仁义礼智根于心。其生色也，睟然见于面，盎于背，施于四体，四体不言而喻。”（《孟子 · 尽心上》）这里以心为本，以身为末，是一种生理存在与道德存在浑然融会时的崇高生命气象，表现了一种身心合一、内外一体的观念，与上面提到的

---

① 成中英：《从康德、海德格尔到孔子》，见《成中英文集》卷一，湖北人民出版社 2006 年版，第 98—99 页。

《易传·文言》的黄中通理正相互发明。此外，孟子还有“心—气—形”一体化的身心观，这方面台湾学者杨儒宾已经进行了深入阐释①。

荀子虽然认为人的形体是精神产生的基础：“形具而神生，好恶、喜怒、哀乐臧焉”（《荀子·天论篇》），但还是强调“君子之学也，入乎耳，箸乎心，布乎四体，形乎动静。端而言，蠕而动，一可以为法则。小人之学也，入乎耳，出乎口。口耳之间，则四寸耳。曷足以美七尺之躯哉！”（《荀子·劝学篇》）君子之学是身心合一，内外一体的，可以使人的生命呈现出美好的光辉；而小人则仅仅停留在口耳之间，没有深入内心，其生命自然不可能呈现出美好的光辉。

（三）心为主宰

当然，儒家的身心一体观不是身心等量齐观，而是以心为主宰的。孔子说：“性相近也，习相远也”（《论语·阳货》），又说：“七十从心所欲不逾矩”（《论语·为政》），并说颜回“其心三月不违仁”（《论语·雍也》）。孔子没有明确说明“性”的善恶问题，而注意的是“性”作为身心统一的先天本源可善可恶，而“心”作为后天自我的主宰具有向善的主体性和能动性。

郭店楚简《五行》简45~46一段文字：“耳目鼻口手足六者，心之役也。心曰唯，莫敢不唯；偌，莫敢不偌；进，莫敢不进；后，莫敢不后；深，莫敢不深；浅，莫敢不浅。和则同，同则善。”类似文字亦出现在马王堆帛书上，说明耳目鼻口手足

---

① 杨儒宾：《儒家身体观》，第11页。

六个器官是按照心灵的引导而行动的，强调心对于感官的指导作用。

孟子提出了“四心”说（恻隐之心、羞恶之心、辞让之心和是非之心），认为要做一个真正的人必须具备此“四心”。并认为“四心”即是道德之心（仁、义、礼、智）的萌芽。一方面他是以否定的方式说不具备此四者则不成为人；另一方面，他是以肯定的方式说此四者为人所固有。人虽然具有与生俱来的善性，但是人生在世，受各种物欲引诱，本来的善性在一天天变恶。孟子认为这就是失其本心，“失其本心”也就是“放其良心”。

荀子讲心的地方也很多，只是与孟子在理路上有明显差别。《荀子·天论》说：“天职既立，天功既成，形具而神生，好、恶、喜、怒、哀、乐臧焉，夫是之谓‘天情’；耳、目、鼻、口、形能各有接而不相能也，夫是之谓‘天官’；心居中虚，以治五官，夫是之谓‘天君’。”在荀子看来，好、恶、喜、怒、哀、乐等感情是人生来就有的，这些感情所依存的耳、目、鼻、口、形等器官也是人生来就有的，但这五官都有一个天生就有的主宰者，那就是心。这里心作为“天君”对九窍之官的主宰并不是二元对立的，是建立在同一人体之上的，是同质的构成，并有内在的经络血脉贯通，有精气流行，是一个生命的整体。

汉代儒者对这些心性问题不是很感兴趣，讲的不多。但也有讨论，如董仲舒就在《春秋繁露·天地之仁》里说：“一国之君，其犹一体之心也：隐居深宫，若心之藏于胸；至贵无与敌，若心之神无与双也；……内有四辅，若心之有肝、肺、脾、肾也；外有百官，若心之有形体孔窃也；亲圣近贤，若神明皆聚于心也。”显然，在董仲舒看来，心是人身之君，是人之为人的决定因素，心想做什么，人身就会随心欲而动，它对人的主宰就如同皇帝对大臣的主宰一样。心是整个身体思想、道德、意识的中心，决定人的仁贪、善恶、贤不肖。人禁制贪欲之性、丑恶之行，得依靠心。

宋明理学强调心的主宰功能和作用。程颢说：“人有四百四病，皆不由自家，则是心须教由自家。”（《近思录》卷四《存养》）朱熹说：“心，主宰之谓也。”“心者，一身之主宰。”（《朱子语类》卷五）所谓一身之主宰，是指心能够统御人身体的各个部位，如耳、目、鼻、舌、身等。又说：“心者，人之所以主乎身者也，一而不二者也，为主而不为客者也，命物而不命于物者也。”（《朱子全书》）卷四十四《观心说》）心的主宰表现为一而不二，它为主不为客，作用于物而不为物所管摄。

陆九渊以发明本心为宗旨。强调人生修养必须就孟子所说的“先立乎其大者”，即先明本心，收拾精神，自做主宰。王阳明说：“心者，身之主也，而心之虚灵明觉即所谓本然之良知也。其虚灵明觉之良知应感而动者谓之‘意’。有知而后有意，无知则无意矣。知非意之体乎？意之所用，必有其物，物即事也。……凡意之所用，无有无物者：有是意即有是物，无是意即无是物矣。物非意之用乎？”（《答舒国用》，《全书》卷五）这就是说，作为身之主的心的本质属性是虚灵明觉，是良知，它表现出来的则是“意”。

三、身心合一前提下的修身之道

（一）修身为本

《大学》是儒家修身之道的宝典，就全书的文字结构可以归纳为两大部分：(1) 三纲领：明明德、亲民、止于至善，是从大纲讲大学之道。(2) 八条目：格物、致知、诚意、正心、修身、齐家、治国、平天下，是从细目讲大学之道。“八条目”是为了落实“三纲领”，实现“明明德于天下”的具体步骤，是一套环环相扣的系统，其中心环节是修身。以“修身”为界，又可以分为前后两个部分：格物、致知、诚意、正心所要达到的结果是修身，离开修身的格、致、诚、正都失去了意义；修身又是齐家、治国、平天下的前提，齐、治、平是修身的主体推衍。因此，“修身”作为“八条目”中心环节在其中起着决定性的作用，是实现“止于至善”总体目标和达到“明明德于天下”最终理想的根本，即所谓“修身为本”。在“八条日”中，修身是本，齐家、治国、平天下是末，齐家、治国、平天下要以修身为条件，所谓“欲治其国者，先齐其家，欲齐其家者，先修其身”；而由修身出发，便可能家齐、国治、天下平，所谓“身修而后家齐，家齐而后国治，国治而后天下平”。“八条目”展示了双向互逆的思路：一是从“明明德于天下”到“格物”，即“明明德于天下”→治国→齐家→修身→正心→诚意→致知→格物；二是始于“格物”，终于“平天下”，即格物→致知→诚意→正心→修身→齐家→治国→平天下。这两条思路正好相反，第一条思路是逆向的，是由终极理想向起点的逆推，前一项是后一项的发展，后一项是前一项的基础；第二条思路是顺向的，是由始基向终极的顺推，前一项是后一项的基础，后一项是前一项的发展。最后归结为“自天子以至于庶人，壹是皆以修身为本”。修身之所以为本，是因为《大学》所说的“身”是身心不分的生命整体，这对于每一个人都是普遍适用的，所以“按照《大学》的说法，自上层统治者和文化精英直到贩夫走卒，都应以修身作为根本。根本不立则道不得流行。所有为着人的发展的道德的、社会的以及政治的制度设施都依赖于修身，由此方可达致家庭稳固、社群规整、邦国安定乃至天下太平。这种与道德、社会和政治相通的个人主义基于一种简单的观念，即整体健全取决于它的各组成部分的活力。人的终极完善意味着家庭、学校、社群、国家乃至天下之每一以及一切成员的良好修养。”因此，“修身在自我与形形色色的政治、社会、文化团体构成的社群的链环中居于中心地位。就个人方面而言，修身涉及复杂的经验学习与心智锻炼过程。就人类总体发展而言，修身则为家庭稳固、社会有序和世界和谐的基础。……修身的核心地位促使中国思想家们将伦理付诸实施，将审美作为经验，将形上学转化为智慧，将认识论运用于沟通”①。

《中庸》也把修身放在非常重要的地位：“凡为天下国家有九经，曰：修身也、尊贤也、亲亲也、敬大臣也、体群臣也、子庶民也、来百工也、柔远人也、怀诸侯也。修身则道立。”这里的“九经”就是治理国家平天下需要遵循的九条原则，反映了儒家要从修身做起，由近及远，推己及人的基本思路，其实也就是忠恕之道。只有通过修身，才能优化自己的素质，才谈得上尊贤等其他八条原则的实行。修身在这里是前提，“修身则道立”强调了修身对于确立人生之道的基础性作用。

孟子对《大学》修身为本作了进一步的发挥，《孟子·离娄上》说：“天下之本在国，国之本在家，家之本在身。”这样就以层层逆推的方式更明确地把修身看成是齐家、治国、平天

① 杜维明：《修身》，见《杜维明文集》卷四，武汉出版社2002年版，第628～629页、第614～615页。

下的开端和基础。

（二）内外交养，重在修心

从孔子开创儒家学派，修养的途径和方法就存在着向内和向外两个向度。孔子的“仁”与“礼”相辅相成，不可分离，但又存在着一定张力，这就为其后学向内或向外发展埋下了伏笔。孔子之后，以孟子为代表主要沿着向内的方向发展，认为人本身就蕴涵善性，所以不须外求，通过内省、尽心，可以知性、知天，所以修养就要存心、养性、事天，所以修养的途径是反省内求，具体的修养方法有寡欲、求放心、诚、慎独、养气、践行等；以荀子为代表主要沿着向外的方向发展，把天看成是自然而然的，人性也是自然而然的，自然的性恶使人本身缺乏善，所以修养的途径是格物外求，具体的修养方法有闻见、思虑、学习、正名、知统类、解蔽、虚壹而静、行为等①。

儒家认为“修身”的根本在于“修心”。因为“身”是“心”的基础，“心”是“身”的主宰。如前所述，儒家认为在身心关系上，心居于主宰的地位。因此，“修身”的根本就是“修心”。怎么修心？《大学》讲“正心”：“所谓修身在正其心者：身有所忿懥，则不得其正；有所恐惧，则不得其正；有所好乐，则不得其正；有所忧患，则不得其正；心不在焉，视而不见，听而不闻，食而不知其味。此谓修身在正其心。”按照八条目的先后关系讲，正心在修身之先，是先有正心而后才有身修，但这里却讲“身有所”云云，是说先有身不正，而后才有

① 郑淑媛：《先秦儒家的精神修养》，人民出版社2006年版，第73～80、第179页。

心不正，显然于理不通，所以程颢认为“身”为“心”之误，应该加以改正，这是有道理的。“正其心”，也就是要以端正的心思（理智）来驾驭感情，调节身心情绪，以保持中正平和的心态，集中精神修养品性。正心是修齐治平的根本，正心优先于、重于修身。

孟子教人用功夫下手的方法就是“求其放心”，把失去了的善心寻找回来。他以人丢失了鸡狗为例，说道：“人有鸡犬放，则之求之；有放心，而不知求！学问之道无他，求其放心而已矣。”（《孟子·告子》上）怎么把心找回来？他进一步提出要时时“操存”。他引孔子的话说：“‘操则存，舍则亡，出入无时，莫知其乡’，惟心之谓与？”（《孟子·告子》上）还讲“养心”：“养心莫善于寡欲。”（《孟子·尽心下》）还讲“存心”：“君子所以异于人者，以其存心也。君子以仁存心，以礼存心。”（《孟子·离娄下》）孟子讲修心的地方很多，成为儒家心性修养的集大成者，后来宋儒谈心性修养大都宗法孟子。以“修心”为“修身”的根本就使得思孟学派为代表的心性之学成为中国哲学史的主流。

荀子也讲心性修养，只是与孟子在理路上有差别。《荀子·修身》篇讲治气养心之术：“血气刚强，则柔之以调和；知虑渐深，则一之以易良；勇胆猛戾，则辅之以道顺；齐给便利，则节之以动止；狭隘褊小，则廓之以广大；卑湿重迟贪利，则抗之以高志；庸众驽散，则劫之以师友；怠慢僄弃，则照之以祸灾；愚款端悫，则合之以礼乐，通之以思索。凡治气养心之术，莫径由礼，莫要得师，莫神一好。夫是之谓治气养心之术也。”这是讲通过礼乐教化使人变化气质，校正个人的缺点，与孟子把良心存养起来再下修养的功夫不同。荀子可能受到稷下黄老道家的影响，强调心性修养要“虚壹而静”。在《荀子·解蔽》中说：“人何以知道？曰心。心何以知道？曰虚壹而静。”虚壹而静是荀子对黄老学派静因之道的继承。

先秦儒家修身之道向内、向外两种倾向在后来的儒学发展史上互为消长。董仲舒从天人感应的基本观念出发，提出了人心副天心的基本主张，借以沟通天人，以天的权威提高儒家仁义道德的权威，但一定程度上偏离了先秦儒家的心性学说。当然，他的思想中有一些观点还是提出了以心为本的思想，值得注意，如《春秋繁露·通身国》说：“身以心为本”，《春秋繁露·深察名号》说：“栣众恶于内，弗使得发于外者，心也。故心之名也栣也。”心是身体的根本，有能够捍御外物的能力，能够禁制身体各种各样的贪欲恶念，使之不得外发为言论行为，心的这种作用叫作“栣”。《春秋繁露·身之养重于义》强调“利以养其体，义以养其心”，是说利是养护身体的，义是调养心灵的。

隋唐以后，儒家更多地受到佛教心性学说的影响。宋明理学家进一步发展了早期儒家学者有关心性的理论，同时，吸收佛教、道家的心性学说，多有理论上的创获和实践上的修为，内外交养，身心整合成为其修身之道的新追求。程颐说：“‘持其志，无暴其气’，内外交相养也。”（《近思录》卷四《存养》）又说：

> 颜渊问克己复礼之目，夫子曰：“非礼勿视，非礼勿听，非礼勿言，非礼勿动。”四者身之用也，由乎中而应乎外，制于外所以养其中也。（《近思录》卷五《改过迁善 克己复礼》）

朱熹在修养论上注重“内外交养”，强调修养过程应该内外双重向度并重。如他说：“‘以义制事，以礼制心’，此是内外交相养法。事在外，义由内制；心在内，礼由外作。”（《朱子语类》卷七十八）“古人于礼、乐、射、御、书、数等事，皆至理之所寓。游乎此，则心无所放，而日用之间本末具举，而内外交相养矣。”（《朱子语类》卷三十四）《朱子语类》卷十二又说：“内无妄思，外无妄动。”在朱熹这里，“内无妄思”就是“心无妄思”，是修身的根本；“外无妄动”就是“行无妄动”，是修身的必要条件。二者相辅相成，是天理流行作用于人的身心合一，人格完善。在“内无妄思”方面，朱熹认为可以通过“收敛”“谨畏”“主一”“惺惺”等方法修养，在“外无妄动”方面，朱熹强调整齐严肃、举止合宜。这就是朱熹的“内外交养之道”的基本蕴涵。

明儒徐问也说：

> 《易》以“尺蠖之屈，龙蛇之蛰”，皆自外而内，“退藏于密”之事。下言“精义入神，穷理入于微妙”，如《中庸》之尽精微，乃为致用之本。利用安身，顺而利往，如《易》义以方外，乃为崇德之资，此正是内外交相养之道。①

明清之际王夫之说：“内外交相杂，交相养者也。既饰其外，必求其内，所以求君子之尽其诚；欲动其内，必饬其外，

① 〔明〕黄宗羲：《明儒学案》卷五十二《诸儒学案中六》。

所以导天下而生其心也。”①

由上可见，宋明以后诸儒注重内外兼修，对内外交养问题有不断深入的讨论，形成了内本外末，由内而外的基本思路，并以此作为追求内圣与外王相统一的修身之道。

（三）修身的最高境界是与道合一

甲骨文中“大”“天”等字皆像直立的人形，这说明在天地与人浑然一体的时候人们逐渐形成了“即身而道在”的观念，把身体提升到“天道”的高度，形成所谓“道身”。中国古代的“道”既不同于西方基督教所谓“道成肉身”之道，也不同于西方哲学的“罗格斯”。金岳霖说：“中国思想中最崇高的概念似乎是道。所谓行道、修道、得道，都是以道为最终的目标。思想与情感两方面的最基本的原动力似乎也是道。成仁赴义都是行道：凡非迫于势而又求心之所安而为之，或不得已而为之，或知其不可而为之的事，无论其直接的目的是仁是义，或是孝是忠，而间接的目标总是行道。”② 金先生论“道”不仅仅取自道家之“道”，也可以说是儒道墨兼而有之之“道”，不仅是中国思想最核心的范畴，而且是最基本的原动力。他特别注意到中国思想中道的理性和情感的双重性，揭示了生命存在（身）与道的一致性。儒家思想中身心不二之“身”可以载道，身心修养的最高境界是与道合而为一。

不仅道家，“道”也是儒家终极性的追求与现世的担当。孔子在《论语·雍也》中对子夏说：“女为君子儒，无为小人

---

① 〔明〕王夫之：《读通鉴论》卷十一。

② 金岳霖：《论道》，商务印书馆1978年版，第16页。

儒。”他希望君子儒“学以致其道”（《论语·子张》），重视涵养“仁心”，以道作为生命的担当。孔子曰：“君子食无求饱，居无求安，敏于学而慎于言，就有道而正焉，可谓好学。”（《论语·学而》）这里的“学”显然是指学修身之道，而不仅仅是我们今天的一般文化知识的学习。君子儒贵道，就会在身体上得到反映：“君子所贵乎道者三：动容貌，斯远暴慢矣；正颜色，斯近信矣；出辞气，斯远鄙倍矣。”（《论语·泰伯》）也就是说，君子的修养上升到道的高度，就可见心性与身体的互动关系，天道内化于君子的心性，并由身体的“容貌”“颜色”“辞气”表现出来。

《论语·为政篇》中有一段孔子概括自己一生的话：“吾十有五而志于学，三十而立，四十而不惑，五十而知天命，六十而耳顺，七十而从心所欲不逾矩。”这段话应该是他在七十岁以后时所讲的，是孔子站在人生的制高点上对自己一生的回顾和总结。在经历了“志于学”“而立”“不惑”，经过“知天命”，达到“耳顺”以后，不管外在的际遇如何变化，孔子的心态平和而坦然下来，常常静静地体会着天人之间的真谛，“道”渐渐在他身上流淌，终于充盈于他的心灵与身体，此时，他就是道，道就是他，他发出感叹：如今我从心所欲不逾矩！从“耳顺”到“从心所欲”是一个飞跃，使孔子摆脱了身体的局限，顺心而为，合于大道，进入了致广大、尽精微、通神明的圣人境界。这就是儒家超凡入圣，“即身成道”的内在超越型道路。

《中庸》说：“文武之政，布在方策。其人存，则其政举；其人亡，则其政息。”“为政在人，取人以身，修身以道，修道以仁。”朱熹注曰：“有是君、有是臣，则有是政矣。”为政在于得人，能否得人，在于为君者自身；为君者自身如何，在于为君者能否修身；为君者修身如何，在于修道；为君者修道如何，在于得仁。“修道”就是“知天命”“明道”，“得仁”就是“亲亲”“尊贤”。《中庸》继续说：“君子不可以不修身；思修身不可以不事亲；思事亲不可以不知人；思知人不可以不知天。”这就是说，“知天”“知人”“事亲”是“修身”的前提，“修身”是为了“为政”，“为政”即是参与政治，关心社会的行动。所以，儒家的“道”不远人，就是立足于亲亲尊尊基础之上的人之为人的本质——“仁”，修身说来说去还是修人之为人的“仁道”。

《孟子·尽心上》：“天下有道，以道殉身；天下无道，以身殉道；未闻以道殉乎人者也。”强调贤人与道合一，不能以道作为交换的条件谋得政治利益。《孟子·尽心下》：“身不行道，不行于妻子；使人不以道，不能行于妻子。”自己不按正道办事，正道在他妻子身上也行不通（更何况别人）；支配别人不能运用正道，连妻子也不能支配（更何况别人）。

荀子认为道有普遍性和超越性，人通过对道的体认可以达到“大清明”的境界：“夫道者，体常而尽变，一隅不足以举之。”（《荀子·解蔽》）“大道者，所以变化遂成万物也。”（《荀子·哀公》）“以道观尽，古今一度也。”（《荀子·非相》）“人何以知道？曰心。心何以知？曰虚壹而静。心未尝不臧也，然而有所谓虚；心未尝不两也，然而有所谓壹；心未尝不动也，然而有所谓静。人生而有知，知而有志。志也者，臧也，然而有所谓虚。不以所已臧，害所将受，谓之虚。心生而有知，知而有异。异也者，同时兼知之。同时兼知之，两也，然而有所谓一，不以夫一害此一，谓之壹。心，卧则梦，偷则自行，使之则谋，故心未尝不动也，然而有所谓静。不以梦剧乱知，谓之静。未得道而求道者，谓之虚壹而静。作之，则将须道者之虚，则人；将事道者之壹，则尽；将思道者静，则察。知道察，知道行，体道者也。虚壹而静，谓之大清明。”（《荀子·解蔽》）尽管道超越万物，超越古今，体常尽变，遂成万物，但是人还是可以认知道的，这就是通过心知道。心何以知道？心虚壹而静，使道以本来的面貌呈现出来而不被变形、扭曲，这实际上是体道，使修养主体实现完满人性，成就圣人人格，达到大清明的精神境界。

宋儒指出，人身出于先天的本能往往有沉溺于私我而难以与道相通，如程颐说：“大抵人有身，便有自私之理，宜其与道难一。”（《近思录》卷五《改过迁善 克己复礼》）所以修身首先要克服来自身体本能的私欲，制约“身”而提升“心”。心与身比较起来可以亨通。张载说：

> 《坎》“维心亨”，故“行有尚”。外虽积险，苟处之心亨不疑，则虽难必济，而“往有功也”。今水临万仞之山，要下即下，无复凝滞之。在前惟知有义理而已，则复何回避？所以心通。

这说明，心亨通也可能身并不亨通，但只要心中亨通不疑，即使有艰险也一定能够度过，终能亨通。心可以通乎道。程颐《答朱长文书》曰：“心通乎道，然后能辨是非，如持权衡以较轻重，孟子所谓‘知言’是也。心不通于道，而较古人之是非，犹不持权衡而酌轻重，竭其目力，劳其心智，虽使时中，亦古人所谓‘亿则屡中’，君子不贵也。”（《近思录》卷三《格物穷理》）心通乎道，就有了评判事物、辨别是非的基本标准与原则，这样才能更好地评判古人的是非。程颐还说："大人于否之时，守其正节，不杂乱于小人之群类，身虽否而道之亨也，故曰：'大人否，亨。'不以道而身亨，乃道否也。"（《近思录》卷七《出处进退 辞受之义》）个人处于否塞不通没有什么，只要心通乎道，道不否塞，个人的命运终究会通达。

宋明理学在后来的发展中出现了存天理，灭人欲，走向极端的倾向。明清哲学家则通过向身体的回归来扭转这种倾向，王艮就是其中的代表人物。他发挥了《诗·大雅·烝民》中"明哲保身"的处世哲学，把"明哲保身"看作良知良能，认为人生的第一要务就是保身全性。王艮所论"保身"之"身"一方面继承了传统儒家身心合一之"身"，另一方面他的"身"更多地是指人的身体、肉体生命而言，强调保全人的肉体生命的重要性，对肉体生命的安顿。王艮还指出"身"与"道"原是一件，强调在道的基础上身心共尊。他说："身也者，天地万物之本也；天地者，末也。身与道原是一件，至尊者此道，至尊者此身，尊身不尊道，不谓之尊身；尊道不尊身，不谓之尊道。"（《王心斋全集》卷一《答问补遗》）在他看来，"身"与"道"均为天地间"至尊者"，"圣人以道济天下，是至尊者道也；人能弘道，是至尊者身也。道尊则身尊，身尊则道尊"。将无形（形而上）的天理"道"，与有形（形而下）的、作为"性"之载体的"身"，合而为一。由"道""身"合一，体现天人合一，这是王艮修身之道的形而上学依据。这一点被黄宗羲称为"圣人复起，不易斯言"的精彩之论，反映了劳动大众摆脱贫困、争取实现生存权利，维护自身人格尊严的愿望。但其理论缺陷也是明显的，就是忽略了心的作用。王艮这种偏向肉体生命的"身"倒与当代西方哲学身体转向遥相契合了。

（四）修身的最高目标是成圣成贤

儒家认为修身的最终归宿是成就圣贤人格，所以修身的核心问题是如何学为圣贤之道，终极目标是通过希贤希圣，成圣成贤。

《大戴礼记·哀公问五仪》载孔子把人格划分为五个层次："庸人""士""君子""贤人""圣人"。谈到圣人时孔子说："所谓圣人者，知通乎大道，应变而不穷，能测万物之情性者也。大道者，所以变化而凝成万物者也。情性也者，所以理然不然取舍者也，故其事大。配乎天地，参乎日月，杂于云蜺，总要万物。穆穆纯纯，其莫之能循；若天之司，莫之能职；百姓淡然，不知其善。若此，则可谓圣人矣。"这说明圣人是与大道相通，达到了天地（宇宙）境界的人。《论语·泰伯》载孔子曰："大哉尧之为君也！巍巍乎唯天为大，唯尧则之。荡荡乎，民无能名焉。巍巍乎其有成功也，焕乎其有文章。"尧可以效法天，应该知道天道，所以他可以称为圣人。

郭店简对圣人的理解与孔子一致。楚简《五行》说"圣人知天道也"，知天道者就是圣人。又说"闻而知之，圣也"。帛书《五行》"说"云："闻之而知其天之道也"，就是对这种观点的发挥。

《中庸》也有许多地方谈到"圣人"之道："大哉圣人之道！洋洋乎！发育万物，峻极于天。……"这里的圣人能"发育万物，峻极于天"，显然是可以通天道的人。

孟子把成圣看成是人的天性，《孟子·尽心下》云："圣人之于天道也，命也，有性焉，君子不谓命也。"又云：

浩生不害问曰："乐正子，何人也？"孟子曰："善人也，信人也。"

"何谓善？何谓信？"

曰："可欲之谓善，有诸己之谓信。充实之谓美，充实而有光辉之谓大，大而化之之谓圣，圣而不可知之之谓神。"

赵岐注说，"大而化之"，即"大行其道，使天下化之"是圣；"圣而不可知之"，即"有圣知之明，其道不可得知"，或"圣道达到妙不可测的境界"是神。这里圣与神相连，圣与道相通。

荀子认为圣人可以通过学习积累达到，《荀子·儒效》篇云："涂之人百姓，积善而全尽谓之圣人。彼求之而后得，为之而后成，积之而后高，尽之而后圣。故圣人也者，人之所积也。"荀子强调礼对于为学修身的重要性，最终也是要落实到成就圣贤人格上。他说："学恶乎始？恶乎终？曰：其数则始乎诵经，终乎读礼；其义则始乎为士，终乎为圣人。"（《荀子·劝学篇》）在荀子看来，为学的方法是从读经开始，最后归结到对礼的修习；为学的宗旨则是以培养士开始，最终造就圣人。由士到圣人这个过程的学习关键不是知识的增益，而是在生活实践中通过礼仪的践行完成身心的修养。

结　语

从根源上说，人类自从诞生那一天起，身与心、灵与肉就是处于对立统一之中，为此不同文化对这问题的处理也是在对立中寻求统一，在紧张中寻求平衡。从中国思想史来说，太古哲学是以形躯起念的，“人类最原始、最素朴的哲学语言乃是纯粹依形躯而起念的哲学语言”①。这里的“形躯”即所谓的“根身”。到了春秋战国以后就逐渐走向了身心合一，心为主宰，体用不二的基本结构。尽管仔细区分起来比较复杂，如儒家有“二源三派”等②，但总体上看儒家的身体观是以身心一体、心为主宰为主流形态的，在身心合一为前提下的修身之道强调个人以修身为本，修身是内外交养，重在修心，其最高境界是与道合一，其最高目标是成圣成贤。今天，一些学者受西方哲学身体转向影响对身体哲学的钟情，这是可以理解的，但也应警觉这种强调身体挺立或“回归”而相对忽视心的矫枉过正之论及其可能带来的新的偏向。“我们现在可以去做并能做好的，也许还是如何实现身与心的有效对话问题，发掘中国文化中‘身体’之‘内外交辉’（黄俊杰语）的特质问题，从而在‘一辨心香’与‘身体之花’之间实现动态的对话、平衡与互补。”③

---

① 唐力权：《周易与怀特海之间——场有哲学序论》，第13页。

② 杨儒宾提出先秦儒家身体观的二源三派说，详见杨儒宾：《儒家身体观》，第7~9页。

③ 燕连福：《中国哲学身体研究的三个向度》。

何以超越"名"的规制?

王小林　香港城市大学

一、序言

古典儒学与"名"的关系甚为密切。孔子的"必也正名乎"与"君子疾没世而名不称焉",均显示出"名"在儒家思想中的重要性。笔者曾经专门撰文对"名"的意义结构做过分析,指出"名"不仅是规范宇宙与人间社会秩序的纲领规范,同时又可以与事物存在及道德善恶等量齐观。① 故而在传统儒家的语境中,除了少部分当权者可以以"正名"的形式参与上述规范的建立,一般个人只有通过对"名"的追求和顺从,才能够获得一定的存在认可。"名"似乎成了通往秩序、道德规范乃至事物本身的必由之路。换言之,在中国古代的认识论乃至政治文化中,"名"不仅是认识和把握事物的不二法门,同时也是运行政治、实现个人宗教性终极拯救的唯一途径。相反,脱离

① 王小林:《名与言一中日语言哲学的演绎及启示》,载《台大文史哲学报》2008 年第 69 期。

了“名”，则意味着在宗教信仰和政治伦理等各个方面彻底丧失存在的正当性。上述“名”的意识形态在现代仍然是中国政治文化的一大基本特点。本文所要讨论的，是“名”的价值体系与个体存在的关系，并就如何超越“名”的规制阐述一点意见。

二、儒家政治的方法——“正名”

在古代中国的政论中，《论语·子路》中的“必也正名乎”是一段极具象征性的论述。在“名不正，则言不顺，言不顺，则事不成，事不成，则礼乐不兴，礼乐不兴，则刑罚不中，刑罚不中，则民无所措手足，故君子名之必可言也，言之必可行也，君子于其言，无所苟而已”的论述中，孔子向我们展示了如下的逻辑。即世界的秩序必须在有了“名”之后方可显现，“名”是优先于“言”“事”“礼乐”“刑罚”而存在的一切秩序的始原，同时也可以与“言”与“事”等量齐观。

针对孔子“正名论”中视“名、言、事”为一体的言论，日本汉学家森三树三郎将其原因归纳为两点：一，起源于视“名称”与“事物”为一体的原始巫术观念和信仰。二，起源于有德必获名声的古代因果报应信仰。如《中庸》所谓“大德必得其信、必得其禄、必得其名、必得其寿”就是例证。①

那么，“名”究竟如何定义？对此，战国时期的思想家尹文子做了三种解释：一，指方圆黑白等物体形状。二，指善恶贵

① 〔日〕森三树三郎：《名と恥の文化》，讲谈社学术文库2005年版，第104~108页。

贱等评价。三，指贤愚爱憎等人的性格。[①] 另外，汉代的马融与郑玄也有论述。马融认为，“名”即“百事之名”，是给事物加上的名称，表示事物的词汇。[②] 而郑玄则认为，“名”就是“文字”，不过语言通过声音传达，文字依靠字形，诉诸视觉，二者区别仅此而已。[③]

就“名”这一概念产生的背景，谭戒甫曾经结合各家学说做过如下概括：

> 礼固由名而后彰也。由是言之，周因于殷礼，殷因于夏礼，夏礼亦因于古；始制有名，似当肇自黄帝。盖人类自结绳以至于书契，经历甚久；及黄帝正名百物，而礼名大起。故荀卿曰：文名从礼。特因革之度，历代各异，春秋传所谓名位不同，礼亦异数，是也。曲礼记曰：礼者所以定亲疏，决嫌疑，别同异，明是非；则礼官所职，不可不有资于正名之事；然则名家之初，出于礼官，似不诬矣。[④]

谭戒甫在这里分别注意到了“名”的产生既与传说中的黄帝相关，同时又有与礼制的形成联系在一起的宗教背景和政治伦理性。但如果我们从根本上考察“名”的含义，可以发现，“名”在古代中国哲学中是一个集抽象与具体、形而上与形而下、宗教信仰与政治伦理各种特征为一体的极为复杂的概念。

---

① 《尹文子》，见《丛书集成初编》，中华书局1991年版，第1页。

② 〔东汉〕郑玄注，〔清〕刘宝楠注：《论语正义》，上海书店1986年版，第280页。

③ 〔东汉〕郑玄注，〔清〕刘宝楠注：《论语正义》，第282页。

④ 谭戒甫：《墨辩发微》，中华书局2004年版，第28页。

首先，除了前引《论语·子路》中的“正名论”之外，“名”这一概念在古代中国思想中的重要性，还可以从下列各家的言论中得到证实。例如，战国思想家申不害曾经就“名”做过如下论述：

> 名者，天地之纲，圣人之符，天地张纲，圣人用符，则万物之情，无所逃之矣。……以其名听之，以其名视之，以其名命之……无事天下自极。①

申不害将“名”作为规范和统治天地的“纲”与“符”来看待，他认为，正因为一切事物都逃不出“名”的掌控，所以统治“天下”的第一步，就是对“名”的把握和运用。这一点，与前述孔子的“正名论”有相通之处。

此外，另一位战国思想家尹文子对“名”也作了如下的论述：

> 无名故大道称，有名故名以正形。今万物具存，不以名正之则乱。万名具列，不以形应之则乖。故形名不可不正也。善名命善，恶名命恶。故善有善名，恶有恶名。②

这里，尹文子以“大道→名→形→万物”的顺序显示“名”在宇宙秩序中的重要位置。同时，也清楚地指出“名”是用来

---

① 〔唐〕魏征等撰：《群书治要》卷三十六，第七册，中华书局1985年版，第630页。

② 《尹文子》，第2页。

“正形”——规范事物的工具。只不过，如后所述，这个“事物”如同“善名命善，恶名命恶”所显示的，是一个包括了实物存在与道德伦理的双重概念。

除了上述观点之外，《韩非子》的《主道》篇中也有类似的论述：

> 道者，万物之始，是非之纪也。是以明君守始以知万物之源，治纪以知善败之端。故虚静以待令，令名自命也，令事自定也。虚则知实之情，静则知动者正。有言者自为名，有事者自为形，形名参同，君乃无事焉，归之其情。①

从韩非子“万物之始，是非之纪”的描述，可以看出对于“名”的认识与申不害有相似之处。而韩非子对“名”的地位做了更清晰的描述。他以“道→名→事”的顺序阐述宇宙秩序的生成，将“名”视为仅次于“道”的，宇宙秩序的始端。不仅如此，在《扬权》篇中，韩非子就如何把握和运用“名”也作了如下论述：

> 用一之道，以名为首，名正物定，名倚物徙。故圣人执一以静，使名自命，令事自定。不见其采，下故素正。因而任之，使自事之；因而予之，彼将自举之；正与处之，使皆自定之。上以名举之，不知其名，复修其形；形名参同，用其所生。二者诚信，下乃贡情。②

① 〔清〕王先慎：《韩非子集解》，中华书局1998年版，第26页。
② 〔清〕王先慎：《韩非了集解》，第45页。

道无双，故曰一，是故明君贵独道之容。君臣不同道，下以名祷，君操其名，臣效其形，形名参同，上下和调也。①

董仲舒在《春秋繁露·深察名号》中，也就“名”的地位以及重要性作了如下论述：

名者，大理之首章也。录其首章之意，以窥其中之事，则是非可知，逆顺自著，其几通于天地矣。是非之正，取之逆顺，逆顺之正，取之名号，名号之正，取之天地，天地为名号之大义也。……名则圣人所发天意，不可不深观也。②

这里，董仲舒首先将“名”列为“大理之首章”，即一切事物的纲领，然后以“天地名号逆顺是非”的顺序，指出“名”是以天地为基础的，所有秩序的根基和出发点。

从上述各家的论述中，我们可以看到“名”在古代中国哲学体系中，被认为是仅次于“道”“地”“大理”的极为重要的存在。然而“名”并不是循“道”“天地”“大理”而自然产生的。《国语·鲁语上》与《长沙马王堆汉墓出土十六经观篇》中分别可以看到如下内容：

黄帝能成命百物，以明民共财。③

---

① 〔清〕王先慎：《韩非子集解》，第46～47页。

② 〔清〕苏舆：《春秋繁露义证》，中华书局1992年版，第285页。

③ 《国语》，中华书局1991年版，第56页。

〔黄帝问〕曰：天地已成民生，逆顺无纪，德虐无型，静作无时，先后无名。今吾得逆顺之〔纪，德虐之型，静作之时〕，以为天下正，静作之时，因以勒之，为之若何。

黄帝曰：……阴阳未定，吾未有以名，今始判为两，分为阴阳，离为四〔时〕……行法循〔名生〕牝牡，牝牡相求，会刚于柔，刚柔相成，牝牡若形，下会于地，上会于天。①

上述论述显示，是“黄帝”以“成命百物”的形式赋予了混沌无序的宇宙（*chaos*）以秩序。由此，阴阳始判，四时始辨，“行法循名生牝牡”，所有的存在循“名”而形成了一定的秩序。② 从前述各家文献的内容来看，这里的“黄帝”应该与其他各家所说“圣人”“明君”同义。

从以上各家的论述中，我们就“名”的形成背景与其他各项内容的关系可以做出以下的排列。

ⓐ的内容显示，“名”的形成背景与古代中国的宗教信仰有着很深的关系。这在某种程度上决定了“名”的神秘性。同样，作为“名”的具体制定者，ⓑ“黄帝”“圣人”“明君”决定了“名”的正统性。这样，以ⓐⓑ为背景而产生的“名”，就自然地成为规范宇宙与人间社会的ⓒ1“纲·符·纪·章·型”。

---

① 陈鼓应注译：《黄帝四经今注今译》，商务印书馆2007年版，第205～210页。部分用字根据校记径改。

② 〔日〕浅野裕一：《古代中国の宇宙論》，岩波书店2006年版，第111～113页。

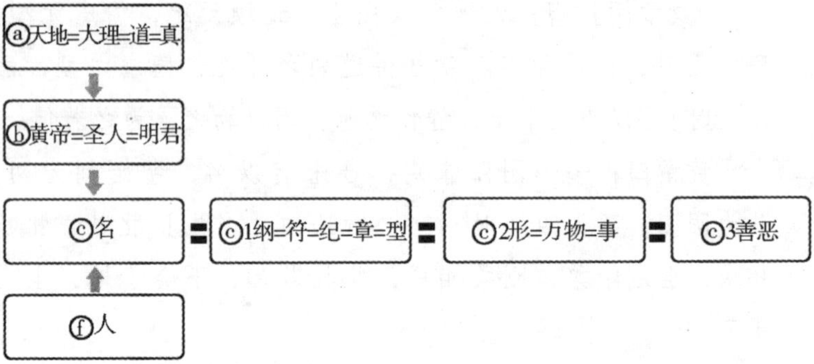

这里值得注意的是上述ⓐⓑⓒⓒ1 四项与ⓒ2ⓒ3 之关系。在各家的论述中，“名”不仅是规范宇宙与人间社会秩序的“纲·符·纪·章·型”，同时又可以与ⓒ2ⓒ3 所代表的“形·万物·事·善恶”等量齐观。[①] 这一点，显示出中国古代宗教信仰ⓐⓑ、政治伦理ⓒ1 与现实事物ⓒ2 以及道德伦理ⓒ3 互为一体的基本特点。而作为社会最根本的组成部分ⓕ人必须通过对ⓒ“名”的正确把握和运用，才能够获得稳定的ⓒ1 政治秩序和对事物ⓒ2 及其伦理ⓒ3 的正确认识。换言之，在中国古代的认识论中，“名”是认识和把握事物的不二法门。而如后所述，随着“名分论”的产生，ⓕ人的存在及行为也逐渐被“名”规范和制约。总之，ⓒ“名”似乎成了通往秩序、权威、事物本身的必由之路，离开了“名”，就意味着在宗教信仰和政治伦理

---

① 例如上述“名”=“纲=符=纪=章=型=万物=事=善恶”的等式，直接地反映了古代中国的哲学中对伦理与存在互为一体的观念。这一点，从郑玄将《中庸》所见“诚者物之始终，不诚无物”之“物”注解为：“物，万物也，亦事也”，《论语》所见“正名”注解为：“黄帝正名百物，百物即百事”中已经初露端倪。

等各个方面丧失存在的正当性。①

然而，ⓒ“名”作为秩序和权威的体现物和守护者，如何与ⓒ1ⓒ2ⓒ3之间保持一致，无可避免地成为古代中国语言哲学以及政治思想中最重要的课题。用日本汉学家森三树三郎的话来说，就是：

> 这种将“名”与“实”等量齐观认识最初始于巫术性信仰，而这样必然导致“名”占优势的结果。因为人们难于改变“实”，而“名”本来就是人为创造的，可以随时变更。所以，改了“名”，“实”自然也就变了，这种原始巫术观念，正是孔子正名思想的远祖。②

---

① 在这个意义上，中国古人对个人“名声”的关注与执着也可以解释为作为“个人存在”在“宗教信仰和政治伦理”秩序中追求位置的行为。就此，日本汉学家平冈武夫曾经以《礼记·祭统》中的如下内容为例做过分析：

> 夫鼎有铭，铭者自名也。自名以称扬其先祖之美。而明著之后世者也。为先祖者，莫不有美焉，莫不有恶焉，铭之义，称美而不称恶。此孝子孝孙之心也。唯贤者能之。铭者，论撰其先祖之有德善、功烈、勋劳、庆赏、声名，列于天下，而酌之祭器，自成其名焉，以祀其先祖者也。显扬先祖，所以崇孝也，身比焉，顺也。明示后世，教也。夫铭者，壹称而上下皆得焉。是故君子之观于铭也。既美其所称，又美其所为。为之者，明足以见之，仁足以与之，知足以利之，可谓贤矣。贤而勿伐，可谓恭矣。

平冈武夫指出，这里虽然是在论述“铭”的意义，而鼎上的“铭”一方面是记录自身功勋和先祖名誉，同时更重要的，是强调这种功勋和名誉与统治者的关系。在古代中国，一个人的存在价值，往往取决于它的“名”能否以“铭”的形式被列入以“王者”为核心的政教合一秩序之中。个人的“名”不仅与“声誉”被视为一体的存在，同时也是一个与宇宙的秩序紧密相连的，伦理色彩极为浓厚的概念。〔日〕平冈武夫：《經書の成立》，创文社1983版，第84～96页。

基于平冈的以上分析，我们重新阅读有关“名”的言论，就不难理解孔子在《论语·卫灵公》中所说的“君子疾没世而名不称焉”的意思。

② 〔日〕森三树三郎：《名と恥の文化》，第107页。

孔子在前述《论语》中将“名”作为万物之始、秩序之首看待，其原因正是来自“名”与“实”已经开始发生背离的背景。而且，这种认识不仅仅局限于孔子，纵观战国时期诸子百家有关“名”的讨论，我们会发现，由于“名”与“实”所产生的分裂，如何将二者恢复到“名实一体”的理想状态，成为各个学派的价值取向和奋斗目标。

三、“名”的易变性及其原因

然而，这里需要注意的，是“名”的这种独特的政治伦理结构对于个人的制约，以及近代以来自由主义思想在中国发展的限制。

如前所述，“名”的结构中，政治伦理、客观事实以及道德基准等等都被统一在“名”的范畴之内。而“名”的制定者，却只限于“黄帝”“圣人”“明君”极少数人之间。这样，只要谁控制了ⓒ“名”的制定权，也就等于控制了由ⓒ1ⓒ2ⓒ3 所代表的各种社会规范、客观存在以及价值标准。这种结构，必然导致如下结果，即随着圣人、明君的不断改变，ⓒ“名”也就永远处于一种不安定的状态。中国古代的政治状况所呈现的随着ⓒ“名”的变化，社会规范、客观存在以及价值标准亦随之改变的原因也在于此。例如，一旦圣人、明君提出某种指示 =“名”，整体社会就会追随和顺从，很少出现异议。即使随后出现完全相反的指示 =“名”，整体社会也不会对此质疑和反对，依然追随和顺从。

那么，为什么会出现这种状况呢？这一点，也与围绕“名”所形成的政治伦理体系及结构有很大的关系。

一般来说，对于处于“名”的结构末端的ⓕ＝一般民众，通往ⓒ1ⓒ2ⓒ3 的道路，只有全面接受“名”的项目中所制定的所有条件。换言之，一般民众必须通过文字去了解秩序、存在、善恶，但是由于ⓒ“名”同时也包含了姓名的意义，所以，这也意味着一般民众也有机会将自己的名字列入名的行列里，意味着个人有机会参与到ⓒ1ⓒ2ⓒ3＝秩序、规则、善恶标准的制定者之中。至少，个人的名字进入名的行列，就会产生与ⓒ1ⓒ2ⓒ3 所代表的政治伦理、客观事实、道德基准同等的重要性。幸运的话，也有可能进入到ⓑ所象征的圣人与明君的行列之中。换言之，在中国传统中，除了传说中的黄帝，ⓑ所象征的圣人与明君并不单单指过去曾经出现的人物，而且指随着时代的变化可以不断出现的权力者。这样一条对个人来讲极为艰险、漫长、曲折的道路，由于提供了从“成名”到制定“名”，最终君临天下，藐视一切的可能性，所以成为中国人所信仰和追随的目标。

然而，由于“名”的范畴包含的要素中有“姓名”和“文字”这两项，这也就意味着在古代中国的政治传统中，任何时候、任何人随意制定的“名”会随时成为政治伦理、客观事实乃至道德标准。具体来讲，即法律、财产所有、婚姻、生育乃至个人的思想，均须遵从处于ⓑ的位置者决定。这种决定通常难以受到制约。其影响亦可遍及社会各个阶层。因为，一旦取得权力，就具备了自封圣人、明君的可能，一旦自封为ⓑ圣人、明君，就具备了制定ⓒ1ⓒ2ⓒ3＝“纲·符·纪·章·型·形·万物·事·善恶”的权力。而制定的方式，又是通过制定ⓒ“名”＝新口号、新概念的形式来宣布。这种新口号、新概念，可以被看作一个个新的“秩序、规则、存在、善恶标准”的制定过程，同时也是一个世界由无到有的产生过程。

在中国的古代政治传统中，往往一个政权的产生，伴随着诸多的口号、概念的发明，并以此作为新秩序、新规则以及新的道德标准。《论语·子路》篇中所谓“一言而兴邦”“一言而丧邦”正是基于这个原理。故此，在古代中国政治史上，一些相互矛盾的政令规则可以相继产生并且顺利实施。综观其过程，自始至终均出自圣人和明君的命令，从未容许一般民众参与。只有接受这种体制，并通过一系列的奋斗，个体价值才有机会得到有条件认可。

四、“名”与“个体价值”

“名利”也是中国文化中极为重要的概念。这个概念不仅无法准确地翻译为英文，也影响了“Utility”一词在中国的传播。其原因，在于中国人在“名”与个人价值的关系中，以前者为优先选项。“名”不仅可以带来上述各项权利，同时也与物质利益紧密结合在一起。有了“名”，实质上就有了一切。《儒林外史》里范进中举即其一例。范进一夜之间从一无所有的书生转变为“名利”双收的贵人，在“名”的构图中，就是从ⓕ向ⓑ的跳跃。这个充满诱惑的人生转变，曾经是无数中国人梦寐以求的成功范例。这里需要注意的是，范进的“一夜成名”只能通过“名”的“文字”=文章进入“名”体系。期待范进拥有平等意识抑或自由思想，几为笑谈。范进所实现的“个体价值”，只能在“名”的伦理体系具有意义，与绝大部分处于ⓕ的一般民众毫无关系。这种关系和结构至今基本上没有改变。中国的读书人对诸如“国师”“帝王师”“大师”等名誉的追求，与范进的功利意识之间并没有多远的距离。同样，期待其认可所有的个体价值为平等是不可能的。

正因为如此，在中国历史上围绕“名”出现了无数奇妙而饶有趣味的现象。回顾中国历史，士大夫们最为热衷的事业，就是“正名”或“留名＝流芳千古”。虽然偶尔也会出现如张翰的如下言论：

> 令我有身后名，不如实时一杯酒。(《晋书·文苑列传》)

但大部分中国人，仍然对“正名”与“留名”充满向往。

如前所述，通过“名”来制定秩序、规范以及道德规范的权力只限于“黄帝”“明君”“圣人”等极少数人。换言之，只有这些人才具备“正名”的资格。然而，到达这个地位，是极其艰难的一件事。除了生来的王者，对于处在ⓕ的一般民众来说，可能性微乎其微。首先，他们必须经由“成名”“立名”的途径，方有可能抵达“正名”的目的。然而，最终成功者，只是极少数人。所以，剩余的希望，是将自己的“名”流传后世，尽量进入ⓒ的行列，并与ⓒ1ⓒ2ⓒ3发生关联。这样便可以发挥相似的影响。

这一点，依然可以以孔子为例。子路向孔子所问的“卫君待子而为政，子将奚先”，可理解为“假如进入ⓑ的位置，你将如何作为”之意。孔子的回答“必也正名乎”，用前述的构图来解释，“名”就是指ⓒ1ⓒ2ⓒ3所代表的政治秩序、社会规范和行为道德。就是通过ⓒ文字制定和施行这些规范措施。

然而，这种“正名”论，也无非是孔子个人的愿望而已。

在实际的人生当中，孔子空怀一腔“正名”的野心，却几乎从来没有实现过。因此，他转而通过其他的方式——“称名”，即令自己的名字进入“名”的体系来实现参与政治的愿望。这种心理，同样体现在《论语》的语句里。

子曰：君子疾没世而名不称焉。（《论语·卫灵公篇》）

这里的“名”，不是从当权者的立场上发出的指令和规范，而是站在ⓕ的立场上，期望自己的“名字”进入ⓒ＝“名”的行列。正如日本汉学家浅野裕一在《孔子神话》一书中所指出的，两汉时期儒家运用谶纬思想对孔子的出生及言行神秘化的目的，也是为了将孔子的“名”列入ⓒ或ⓑ的行列，使其学说成为秩序、规范乃至道德标准。因为，即使不能成为“明君”，以“圣人”之名进入ⓑ，其言论就已经具备了ⓒ1ⓒ2ⓒ3 的性质。换言之，虽然“成名”之路曲折艰辛，一旦参与到ⓒ1ⓒ2ⓒ3 之中，照样可以实现其政治目标。

孔子围绕“名”的两种言行，实质上就是从不同方向实现对名的“制定”和“参与”的姿态。非但孔子，为了进入与ⓑ＝黄帝、明君、圣人较为接近的ⓒ，让自己的“名＝名字”参与到ⓒ1ⓒ2ⓒ3 之中，自古以来，中国的读书人可谓不惜余力，呕心沥血。例如，孟子亦曾说过：

好名之人，能让千乘之国；苟非其人，箪食豆羹见于色。（《孟子·尽心下》）

大意为爱好名声的人，不惜将千乘之国让给别人。那是因为名欲战胜了利欲。如果是不喜欢名声的人，会随时被利欲左右，一碗饭、一杯羹也会让其改变态度。孟子还说道：

> 诗云：“既醉以酒，既饱以德。”言饱乎仁义也，所以不愿人之膏粱之味也。令闻广誉施于身，所以不愿人之文绣也。(《孟子·告子上》)

最后两句的大意为：拥有好的名声在身上，自然不羡慕他人文绣华美的衣服了。

从以上两例来看，孔子和孟子都曾经站在ⓕ的立场，对自己的名字进入ⓒ的行列有过强烈的期待。这自然意味着进入ⓒ是非常难的一件事情，然而知难而进，排除万难进入“名”的世界，无疑是自孔孟的时代至今中国人的独特梦想。对于中国人来说，实现个人价值，似乎只有在“名”的政治伦理结构中寻求位置，此外别无选择。正因为如此，法国汉学家马伯乐对中国人的宗教意识所说的“中国人即使在神的世界里，也没有找到除了做官以外的任何幸福感”（《道教》）就不难理解了。[①]马伯乐的论述，为我们思考“名”的宗教效果，特别是这种宗教效果与个体价值的关系提供了一个角度。这种宗教效果，可以看作所谓“终极关怀”或者“精神救赎”的效果。如前所述，作为中国文化最优先选项的“正名”，因为伴随了繁琐的程序，使得参与和创造历史的权力只由部分知识阶层掌握。所以，居于“正名”的地位而“成名”，继而在历史中取得“正统性”

---

① 有关“名”对中国人的伦理思想及行动的影响，请参看王小林：《日中比较思想序论——“名”与“言”》，日本汲古书院2018年版，第63～95页。

的机会，从来只是局限于极少数识得“圣贤书”，会写“古书古字”的士大夫阶层。换言之，在中国的历史上，能够获得宗教意义上的“终极关怀”以及得到“精神救赎”者，永远只是一部分人。因为这些人自认为距离“名”＝以“王者”为核心的政教合一秩序，即韦伯所说“超凡的神及神的意志的核心统一关系”最近，故而也就没有“君子疾没世而名不称焉”的担忧，最终可达到“名垂青史”的目的。有一个极其有趣的例子，可以反映出当士人对“圣化”的目标感到绝望时的心情：

> 前不见古人，后不见来者。念天地之悠悠，独怆然而涕下。①

虽然这首诗字里行间充满了悲怆和绝望，但“天地之悠悠”所反映的，是“我”作为天地之“灵”超越于“天地”的无神自然观和“圣人”创造历史的观念。全文显示出十足典型的士大夫型“天下知道者舍我其谁？道将绝矣”的自负。类似的例子，还可以从近人康有为的表述中看到：

> 忽见天地万物皆我一体，大放光明，自以为圣人，则欣喜而笑。忽思苍生困苦，则闷然而哭。②

这段文字中的“天地万物皆我一体”与“自以为圣人”的表

---

① 〔唐〕陈子昂：《登幽州台歌》，见《全唐诗》卷八十三，中华书局2008年版，第902页。

② 〔清〕康有为撰，蒋贵麟编：《万木草堂遗稿外编》上册，成文出版社1978年版，第4页。

述，与陈子昂的心理状态和价值观极为相似。从“自以为圣人”的瞬间开始，康氏就自以为“圣化”并且拥有了怜悯众生的权力。

而这一点，与西方基督教的历史意识恰恰形成了对比。马克斯·韦伯在《儒教与道教》的《结论》中，就个人如何获得“终极关怀”或者“精神救赎”有如下的表述：

> 无论如何，人必须能力求证明，自己应该得救。一切都是为了得到神的自由恩宠，为了彼岸的命运，而此岸的生活不是苦海，仅仅是一个过渡而已。正因为如此，才需要高度重视这短暂的一瞬和在这瞬间发生的一切，用卡莱尔的名言来说，就是：“在你降生之前，悠悠千载已逝，今后的悠悠千年正沉默地等待着，看你如何开始你的一生。”（Millennia had to pass ere thou Camest to life and millennia wait in silence for what thou shalt do with this thy life.）这并不是因为，一个人可能通过纯粹属于自己的成就来实现永远得救。这是不可能的。而是因为，个人只有通过觉悟到自己短暂的一生对超凡的神及神的意志的核心统一关系，即在“圣化”（sanctification）之中，才能分享得救的选召，特别是才能认识得救的选召。这种圣化又只能在神所喜欢的行动中，即在神的祝福所在的伦理行动中得到考验，例如各种积极的禁欲就都是这样。①

① 〔德〕马克斯·韦伯著，王容芬译：《儒教与道教》，商务印书馆2004年版，第292页。

韦伯在这里特别强调个人的“救赎”只有通过认识到自己短暂的一生对超凡的神及神的意志的核心统一关系才能实现的看法。换言之，在个人之上，存在一个统领连绵不绝的“历史之神”。通过在肉体和精神上彻底皈依这个神的仪式——“圣化”，才有可能实现宗教意义上的“救赎”。相比之下可以发现，与“前不见古人，后不见来者。念天地之悠悠，独怆然而涕下”所表达的自我之外没有支配天地宇宙的“神”的观念不同，在基督教的语境下，个人的生命与神所统领的宇宙相比只是“短暂的一瞬”，至少在个人来到这个世界之后，“今后的悠悠千年正沉默地等待着，看你如何开始你的一生”。在“悠悠千年”之前，所有人都有机会“觉悟到自己短暂的一生对超凡的神及神的意志的核心统一关系”，只要投入“圣化”，就有机会得到“救赎”。这一点，也与唯独士大夫在“悠悠天地”之中拥有“圣化”特权的中国传统完全相反。

相反，对于中国人来说，他们必须经过繁琐的文字训练，或通过“格物”才能够悟道。在这个过程中，“名”不仅是认识和把握事物的不二法门，同时也是通往“圣化”的唯一途径，除此之外，别无“救赎”之路。然而，只要围绕“名”的这一原则持续不变，就意味着这条融入历史、获得“救赎”的途径永远与大多数人无缘。没有一条道路可以作为不同阶层和行业的个人获取“圣化”的方法来实践的。

五、结语

在二十一世纪的今天，当我们面对儒学伦理学的传统，思考其与社会责任及个体价值的关系时，“名”的政治伦理体系，是一个无法回避的问题。儒学的道德说教固然有其维系家庭关系及社会和谐的积极性，但是我们对"名"的政治伦理及其影响却很少进行彻底反省。我们是否能够在"名"的政治伦理之上建立一个身处ⓕ的所有人都参与政治秩序、社会制度乃至道德规范建设的新文化呢?笔者相信，这一愿望与我们思考儒学伦理学在现代的启示不仅毫无矛盾，甚至对如何推进儒学的现代化，特别是与世界其他文明对话乃至接轨是至关重要的。

当代美德伦理：古代儒家的贡献

黄　勇　香港中文大学

随着美德伦理学最近几十年在西方世界的重大复兴，大家开始看到在近代西方哲学史上占统治地位的道义论和功用论所存在的一些缺陷，同时也看到被这两种伦理学看作是属于古人伦理学的美德伦理学在当代人类生活中实际上可以发挥非常重要的作用。在这样一个背景下，许多研究非西方哲学传统的学者也纷纷试图在他们所熟悉的哲学传统中发现美德伦理的踪迹。在这方面最为突出的是儒学研究。与以前港台新儒家往往用康德主义伦理学解释儒家伦理不同，现在有更多的学者认为儒家伦理本质上是一种美德伦理。无论是在中文世界还是在英文世界，这方面的研究文章甚至著作都不胜枚举。笔者在最近十几年中的一个主要研究也是儒家和美德伦理的问题。但与大多数学者试图论证儒家具有西方美德伦理的主要特征因此是一种美德伦理不同，笔者一直关心的问题是，不管古代儒家思想是不是一种美德伦理，它对当代美德伦理的发展能够做出什么样的独特贡献，这包括如何帮助美德伦理回应来自各方面、特别是康德主义伦理学的批评，如何帮助美德伦理处理其自身存在的一些理论问题，和如何帮助美德伦理对当代的伦理学及其相邻学科做出贡献。在这方面，笔者写了大量文章。本文的目的是将笔者在这些文章中所讨论的古代儒家思想对当代美德伦理在上述三个方面所能作出的贡献做一总结。①

一、儒家如何帮助美德伦理回应外来的批评

在美德伦理刚开始复兴时，我们看到的主要是美德伦理对当时盛行的道义论和功用论伦理学的批评，而后者，正如当代美德伦理学的佼佼者霍斯特豪斯（Rosalind Hurthouse）所说的，将刚刚开始复兴的美德伦理轻蔑地看成是邻里出现的一个外来的淘气小孩，懒得理睬。但在美德伦理学得到长足发展并开始挑战他们在伦理学中的垄断地位时，他们就开始找美德伦理的毛病，并加以批评。在此过程中，当代的美德伦理学家也对这样的批评作出了一些回应，其中有些回应很成功。例如关于美德伦理无法为人提供行动指南的指责，霍斯特豪斯就作出了令人信服的说明。但还有一些问题，当代美德伦理学家的回应不仅并不成功，而且在笔者看来，如果我们局限于西方的美德伦理资源，可能根本无法做出成功的回应。因此笔者试图利用古代儒家的资源，对其中的某些批评，为当代美德伦理做出辩护。

第一是关于具有美德的人是否只关心他人的外在福祉的问

① 本文根据笔者为其将出的《当代美德伦理——古代儒家的贡献》（上海东方出版中心）一书所撰的序言之一部分改写而成，因此在本文中所讨论的古代儒家思想对当代美德伦理的贡献限于收入该书的若干文章所阐发的观点。实际上，笔者在其他一些地方，特别是在其已出的 *Why Be Moral: Learning from the Neo-Confucian Cheng Brothers*（State University of New York Press，2014）和将出的 *Knowing-To: The Contemporary Significance of Wang Yangming's Moral Philosophy* 两书中，还讨论了古代儒家思想对当代美德伦理所能作出的其他一些贡献。

题。亚里士多德将他心目中的有美德的人看成是一个真正的自爱者，以与他所谓的庸俗的自爱者相区分。庸俗的自爱者只关心自己的外在福祉，如健康、财富、名声等等，而真正的自爱者最关心的是自己的美德，即比其外在福祉更为重要的内在福祉。当然，亚里士多德称这样的人是真正的自爱者，不只是因为他们所爱的是自己身上真正有价值的东西，而且也是因为这些东西之所以有价值，至少部分地是由于这些东西、特别是那些涉及他人（other-regarding）的美德，要求他们关心他人的福祉。例如，正义这种美德就要求其拥有者对他人公正，诚实这种美德就要求其拥有者对他人诚实，慷慨这种美德就要求其拥有者对有需要的人乐善好施。但这些真正的自爱者所关心的只是他人的外在福祉，而没有同时关心在他们看来更重要的他人的内在福祉。这种观点就遭到了当代哲学中康德主义哲学家的批评，说这样的具有美德的人是自我中心的。如果他们真的认为内在的美德比外在的福祉更重要，那么一个具有美德的人也应该关心他人的美德。例如，一个真正慷慨的人应该设法让他人也有慷慨这种美德，一个真正诚实的人应该设法让他人也有诚实这种美德，一个真正正义的人应该设法让他人也获得正义这种美德。

虽然笔者曾撰专文，以朱熹为例，说明儒家的美德伦理可以对这样的批评做出很好的回应①，这也是贯穿笔者其他一些文章的一个重要论点。例如在讨论孔子的以直报怨时，笔者强调，这里的“直”应当理解为“正曲为直”之“直”。假如有人打

---

① 黄勇：《关于美德伦理之为自我中心的批评及朱熹的回应》，载吴震编《宋代儒学的精神世界：以朱子为中心》，华东师范大学出版社 2009 年版。

了我的左脸，孔子的立场不是像耶稣所教导的那样转过右脸让他打（以德报怨），也不是去打他的左脸以做出报复（以怨报怨）。相反，孔子的看法是，在这里，我所面对的是一个不道德的人，一个枉者、一个曲者、一个不直者、一个具有恶德的人，那么我作为一个具有“直”这种美德的人就应该设法让这个人从枉者、曲者，变成一个跟我一样的直者。这就是孔子以直报怨的意思。[1]这样一种理解也贯穿于我关于孔子“子为父隐，直在其中”的讨论中。这里的直也是正曲为直的“直”。偷了羊的父之所以要被隐，是因为他做了不道德的事情，是个曲者、枉者，那么子作为有道德的人、作为直者，就应该设法让其不道德之父变成直者。儒家认为，达到这个目的的一个重要途径是微谏，而如果子在这里对父亲的不道德行为不是隐之而是证之，那么微谏的环境或气氛就不存在了。正是在这个意义上，孔子认为子为父隐，直在其中。[2]在另外一个地方，笔者指出杨国荣在其《成己与成物》一书中忽略了成人这一点，也与这个问题有关。[3]在笔者看来，一方面，成人与成己不同，后者是一个人的自我修养，也即大学中的明明德，而前者则是帮助他人进行自我修养，也即大学中的新民。另一方面，成人与成物也不同。尽管这里的“人”和“物”相对于要成就之的、具有美德的人来说都是他者，但对于后者，具有美德的人只能辅其自然，而对于前者，具有美德的人不仅要帮助其明明德，而且要在此过

---

① 黄勇：《为什么你不应该转过你的左脸：孔子论如何对待作恶者》，载《杭州师范大学学报》2013 年第 4 期，第 1 ~ 12 页。

② 黄勇：《正曲为直：〈论语〉“亲亲相隐章”新解》，载《南国学术》2016 年第 3 期，第 366 ~ 377 页。

③ 黄勇：《成人：在成己与成物之间》，载《哲学分析》2011 年第 2 期，第 19 ~ 30 页。

程中帮助他去帮助他人明明德，而这也是基于儒家对于具有美德的人的理解。

第二是与上述问题有关的关于具有美德的人是否本质上是利己主义者的问题。在很多问题上，美德伦理与后果论和规则论差别不大。假如有人需要帮助而且我可以帮助这个人，我该不该帮助他？笔者认为所有这些伦理学都会做出肯定的回答。但如果问为什么我要帮助这个人，则这三种伦理学会提供很不相同的回答。规则论也许会说，每个人都有遵循道德原则的义务；后果论也许会说，这样做会最大限度地增加这个宇宙中的幸福总量；而美德论的典型回答是，只有这样你才可以成为一个具有美德的人。比较这三种回答，似乎美德论的回答具有明显的利己主义倾向：一个人之所以要帮助人是因为他自己想成为一个具有美德的人。正是在这个意义上，霍卡（Thomas Hurka）认为具有美德的人是根本上的利己主义者。这里他承认，与我们上面讨论的第一点有关，一个具有美德的人不只关心他人的外在福祉，而且还关心他人的内在福祉，即也想让他人成为具有美德的人；他也可以承认，一个具有美德的人确实是为帮助他人而帮助他人，而不是为了自己才帮助他人，因为不然他就不是一个具有美德的人。但这个人之所以做这些，还是为了使自己成为一个具有美德的人。换言之，他是为了自己（成为具有美德的人）的缘故，才去为他人的缘故去帮助他人（help others for their sake for one's own sake）。

在上述那篇关于朱熹如何帮助我们回应美德伦理的自我中心问题的英文原文中，笔者对这个问题也有详细的讨论，但由于原文较长，在翻译成中文时，这一部分删除了。这也是笔者另外一篇文章所聚焦的一个问题。①由于儒家伦理是一种美德伦理，因此它似乎也存在霍卡所谓的根本的利己主义问题，这特别体现在孔子强调的为己之学。今年在北京召开的世界哲学大会的主题——“学以成人”，实际上就体现了儒家的这个思想：我们从事道德修养的目的就是为了成为健全的、没有缺陷的人。笔者认为儒家对这个问题可以做出本质上相同的两个回答。一方面，可以说儒家的具有美德的人就其努力的唯一目标就是为了自己成为一个具有美德的人而言，他确实在根本上是个利己主义者；但另一方面，他所要获得的主要美德，仁义礼智，又都是涉及他人的，因而要成为这样一个具有美德的人就需要成为一个关心他人（既包括他人的外在福祉也包括他人的内在美德）的人，在这个意义上，他又在根本上是一个利他主义者。在这里利己主义者和利他主义者就完全结合在一起了：一个人要想成为一个彻底的利己主义者，就必须成为一个彻底的利他主义者，反之亦然。这是儒家对这个问题可以做出的第一个回应。儒家可以做出的第二个回应是从孟子的“万物皆备于我”和程颢的“仁者与天地万物为一体”的观念出发，从而从根本上否定用利己主义和利他主义来描述一个具有美德的人的恰当性。利己主义和利他主义都假定自己和他人的分离，但这里提到的孟子和程颢的观点表明，一个具有美德的人把他人看作自己身体的一部分，因而把他人的痛苦（无论是外在的身体上的还是内在的人性上的）看作是自己的痛苦。你可以说这样的人所做的一切都是为了他自己，但因为没有任何东西不包含在他

---

① 黄勇：《好德如好色：孔子对当代美德伦理的贡献》，载《杭州师范大学学报》2017年第4期，第1～12页。

这个自己中，也就是没有任何“他”这个人还可以利，说他是一个利己主义就同说他是一个利他主义一样失去了意义。

第三是美德与社会正义的问题。在美德伦理学所讲的诸美德中也包括正义这种美德，但美德伦理学中的正义是作为个人美德的正义，而不是作为社会政治制度之美德的正义，而政治哲学中讲的正义恰恰是关于社会政治制度包括法律和政策的正义问题。正是在这一点上，我们看到，较之规则论伦理学和功用论伦理学，美德论伦理学似乎存在着一个天生的缺陷。功用论伦理学可以很容易地提出一种社会正义的理论：一个正义的社会制度是能够产生最大幸福总量的社会制度。规则论也不难提出一种社会正义理论，事实上今天比较有影响的社会正义理论，包括罗尔斯的理论，都是规则论的，毕竟我们可以根据制定有关个人行为的规则的同样理论去制定有关社会运作的规则。而美德伦理讲的是个人的美德，那怎么从作为个人美德的正义推出作为社会美德的正义呢？亚里士多德主义在这个问题上采取的途径是，先看具有正义这种美德的人是如何维持与他人的关系的，然后再看什么样的社会政治和法律制度能够维持这些关系。这样一种途径的一个缺陷是，它把社会正义的主体（agent）看作是具有美德的个体，而社会的功能就是保证这些个体能够维持其与他人的正义关系。如果这种模式在小规模的古希腊城邦还有可行性的话，在当今规模大得多的民族国家中，它很显然已经不能适合了。

笔者认为，儒家的美德理论在这个问题上可以做出贡献。[①]

---

① 黄勇：《关于美德的正义：儒家对桑德尔正义观的修正》，载《南国学术》2017 年第 4 期，特别是第二节。

简单来说，儒家的看法是，一个社会的正义观念源于作为个人的正义这种美德。孟子说，“天下之本在国，国之本在家，家之本在身”（《孟子· 离娄上》）；《大学》对此作了进一步的发挥：“欲修其身者，先正其心；欲正其心者，先诚其意；欲诚其意者，先致其知，致知在格物。”（《礼记·大学》）这是说，政府及其政策法规之所以是正义的，只是因为治理它的人是正义的。孟子还说：“先王有不忍人之心，斯有不忍人之政矣。以不忍人之心，行不忍人之政，治天下可运之掌上。”（《孟子·公孙丑章句上》）这里他强调，领导人有仁心，政府也就有仁政，即仁政来自仁心。这里重要的一点是，要确定一个社会的政治法律制度是否公正，关键是看这样的制度是不是一个具有正义这种美德的人制定出来的。这一点与美德伦理关于个人行为的讨论一致。判断一个行为是否是正义的行为就是看其是不是一个具有正义这种美德的人在这种情况下会做出的行为；如果正义的人会做这样的事，那么这件事就是正义的事，即使在这个特定场合下做这件事的人还不具有正义这种美德，因为美德伦理学可以承认，缺乏某种美德的人可以做相关的德行。同样的道理，判定一个（例如）法律是否公正，就是看一个具有公正这种美德的人是否会制定这样的法律，尽管实际上制定这个法律的人还没有公正这种美德。总之，儒家把法律与个人的行为看成类似的东西，其公正与否取决于一个公正的人是否会制定这样的法律和做这样的事。

二、儒家如何帮助美德伦理克服其内在的困境

在对外来的批评做出尽可能有力的回应的同时，当代美德

伦理学家也开始认识到其自身存在的一些缺陷和困境，并努力加以弥补和解决。但笔者认为，其中的一些弥补和解决方案并不令人满意，而儒家在这些方面也具有其长处。

第一是关于所谓的美德两难的问题。这是由著名的美德伦理学家福特（Philippa Foot）自己提出的一个问题。福特认为美德对于人的自然倾向起一种矫正的作用：美德要求我们去做的事往往是我们缺乏自然倾向去作的事，而美德要求我们不要去做的事往往是我们的自然倾向让我们去做的事。例如，勤劳之所以是一个美德是因为我们有懒惰的自然倾向（如果我们的自然倾向就是勤劳，那么我们也就不会将勤劳作为一种美德去提倡了）。由此，福特注意到，美德要求我们去做的事情往往是不太容易的事情，即需要我们通过克服自身具有的相反的自然倾向才能完成的事情，但具有美德的人在做这些美德的事情时却感觉很轻松、甚至很愉快。这里就产生了她所谓的美德的两难：当一个没有美德的人成功地但艰难地（因为他要与自己所具有的相反的自然倾向作斗争）从事了德行时，一方面，我们觉得这个行为比具有美德的人做的同样的行为更值得表扬，因为他成功地作了一件艰难的事情；而另一方面，我们似乎又觉得这个人之所以要花这么大的力气去做这一德行恰恰是因为他在德性上不完满，因而不像那个具有美德的人那么值得表扬。福特自己解决这个两难的办法是在作为总体的人类与具有美德的特殊的人之间做一区分：具有美德的人在做对于一般人来说是困难的事情，因而还是值得表扬，尽管他在做这件事情时轻而易举。

笔者在两个地方专门讨论了这个问题，认为福特的这个解决方案是有问题的。[1]具有美德的人在做德行时之所以值得表扬（如果值得表扬的话）不仅仅是因为他做了一件对他轻而易举而对一般人十分艰难的事情。假如一个身高二米的人可以轻而易举地碰到很高的屋顶，我们不会说这个人的行动值得表扬，因为这个人做了一般人根本不能做到或者要花很大的力气才能做到的事。笔者认为儒家对这个所谓的美德两难会提出一个不同的解决办法，而其不同之处在于它采取了一种历史的而不是静止的观点。换言之，它不是只看当下两个人在做同一件德行时谁做得轻而易举而谁需要克服很大困难；相反它会问，为什么一个人做这个德行时这么容易，而另一个人在做这个德行时却这么困难？经过这样一问，我们就会很容易发现，具有美德的人之所以能这么轻而易举地从事德性，恰恰是因为他以前花了非常大的力气从事道德修养，而最终成了一个具有美德的人；而没有美德的这个人之所以在做德行时要作这么大的努力才能成功，恰恰是因为这个人以前没有下力气进行道德修养，从而没有成为一个具有美德的人。如果他以前花了大力气从事道德修养并成了一个具有美德的人，他今天在做这个德行时就不会感到这么吃力了。这样，在一个没有美德的人花了很大力气才成功地从事的德行与一个具有美德的人轻而易举地完成的德行之间，到底哪个人的行为更值得赞扬的问题就不言而喻了。

第二是美德是否可教的问题。大家知道，这是苏格拉底提出的一个问题。这个问题之所以有意思，是因为苏格拉底认为

① 黄勇：《好德如好色：孔子对当代美德伦理的贡献》，第五节；黄勇：《美德伦理与道德责任：儒家论道德赞扬与责备》，载景海峰编《儒家思想与当代中国文化建设》，人民出版社2013年版，第二节。

美德是知识，而知识是可教的，但苏格拉底又明确地说，美德不可教。这里我们应该清楚，当苏格拉底说美德是知识时，他说的知识也就是我们下文将提到的动力之知或者信欲。这一点可以从他在《普罗塔格拉》中关于意志软弱问题的看法来说明。他在那里说，没有人在做一件事时知道或者相信他在做的这件事不是他在这种情况该做和能做的最好的事情（即他可以做别的更好的事情）而还继续做这件事的。这实际上也就是儒家的知而必行的观点，因此他否认有意志软弱这种现象，因为意志软弱恰恰就是指知道自己不应该做某件事而且可以不做这件事却还是去做这件事，或者知道自己应该做某件事而且可以去做这件事而不去作这件事。但在同一对话中，苏格拉底却认为这种作为知识的美德却是不可教的，不是可以从一个人传到另一个人的。为了说明他的这个观点，苏格拉底做了一个类比。一方面，如果我们不知道怎么造船，我们可以请造船专家来教我们，这就表明造船技艺是可教的。但另一方面，伯里克利（Pericles）为他的孩子提供了最好的教育，教了他们所能教的一切，但在美德方面，他不仅自己没有教他们，而且也没有请别人教他们，因为美德不可教。

对这个问题，笔者也曾撰专文，以孔子的思想为出发点加以讨论。[①]表面看起来，孔子似乎也认为美德不可教。他曾经说，“民可使由之，不可使知之”。（《论语·泰伯》）根据宋儒程颐对这句话的解释，这里孔子既不是说老百姓愚不可及，也不是说圣贤不是好的老师，更不是说君王应该让老百姓处于愚昧状

① 黄勇：《德性是否可教、如何教?》，将刊于华东师大《思想与文化》2018年第2期。

态。关键是这里的知乃是道德知识，即动力之知和信欲。这种知识按其本性需要靠人通过默识心通而自得。如果这样，似乎孔子就跟苏格拉底一样认为美德不可教了。但事实上，孔子作为一个老师教给学生的又恰恰正是这样的作为美德的知识，因为孔子的目的并不是想让他的学生成为学问家，而是成为具有美德的人。这里的关键不是美德是否可教的问题，而是应该如何教的问题。理论知识（理智之知）可以通过书本或者演讲从一个人传递到另外一个人，能力知识可以通过手把手的方式从一个人传递到另一个人，由于作为美德的知识即动力之知不能通过这两种方式从一个人传递到另一个人，苏格拉底便认为美德不可教。但在孔子看来，美德是可教的，但需要有上述方式之外的方式。由于缺乏美德的人所缺乏的往往不是对美德的理解，也不是从事德行的能力，而是相应的情感和欲望，美德教育的一种有效方式乃是情感主义教育。孔子说的道德教育之"兴于诗，立于礼，成于乐"（《论语·泰伯》）中的第一步，"兴于诗"，就属于这样一种情感主义的教育方式。但孔子最为注重的是身教。这里所谓的身教主要不是用来传递技艺知识的手把手的教育方式，而是指以身作则的模范方式，因此孔子说："君子笃于亲，则民兴于仁。古旧不遗，则民不偷。"（《论语·泰伯》）

第三是美德与道德责任的问题。道德知识的一个特征就是具有这种知识的人一定会有动力去从事相应的行动，知而不行，非真知。这就引出了一个美德伦理必须面对的道德责任的问题：我们是否可以要求一个人为其没有行善或者甚至作恶而负责。这之所以是一个问题是因为，我们要人为其行为（或者其行为的缺失）负责，即使在亚里士多德看来，也必须满足两个条件。

第一是这人的行动是其自由选择决定的。如果一个人被他所无法抵抗的外力强制地作了一件伤人的事情，那么我们就不能要这个人为他给他人造成的伤害负责。第二，这个人对他所做的事要有相关的知识。假如一个人在做一件事情时并不知道这是一件不对的事情，我们也就不能要求这个人为其行为负责，换言之，我们不能为一个人因无知而做错的事情负责。我们现在讨论的问题是这第二个条件给美德伦理带来的难题。我们前面提到亚里士多德的一个观点，具有美德的人是具有知识的，而这种知识是能使人有动力从事相应行动的知识，而不能使人有动力行动的知识实际上不是知识，或者只是宋明儒所谓的常知、浅知、闻见之知，而不是真知、深知、德性之知。如果是这样，一个人没有做他应该做的德行或者做了他不该做的恶行，一定是因为他缺乏相应的知识，是因为他的无知。如果是这样，我们似乎就不能让他为其行为（或者其缺失）负责，而这很显然是很严重的问题。

笔者也曾讨论儒家在这个问题上的看法。[①]儒家的这个看法与我们在上面谈论的看法有关：它所采取的是一种历史的而不是截面的看法。如果采取截面的看法，那么这个人在作恶时，根据美德伦理的看法，一定是处于一种无知的状态，因而我们不能让这个人为其行为负责。但是从历史的观点看，我们就要看这个人该不该为其无知负责。我们知道有些无知是情有可原的。假如我无法理解爱因斯坦的相对论，那么我想很少有人要我为自己的这种无知负责。但有些无知是不可原谅的。假如我在高速公路上开车超速被警察抓，是因为我不知道高速公路有限

① 黄勇：《美德伦理与道德责任：儒家论道德赞扬与责备》，第三节。

速，那么假如我真的不知道，很显然我要为我的这种无知直接负责，而同时也要为我自己因这种无知而造成的超速间接负责。现在的问题是，缺乏有关的道德知识，道德的无知，是情有可原的还是不可饶恕的。儒家的回答是后者。这是因为在儒家看来，这种道德知识，即所谓的良知良能，是我们每个人生而俱有的。之所以我们许多人现在好像缺乏这样的知识，是因为我们的私欲将这样的知识泯灭了。我们现在要重新获得这样的知识，就要将这样的私欲去除，而要去除这样的私欲，我们并不需要很高的智商。即使“愚夫愚妇”，只要努力用功，不自暴自弃，都可以获得为道德行动所必要的知识。因此，儒家认为每个人都要为其因无知而做出的不道德的事情负责，是因为这个人要为自己的道德的无知负直接的责任，因而要为其因这种无知而做的不道德的事情负间接的责任。

第四是美德的客观性与规范性问题。瓦特森（Gary Watson）认为美德伦理面临一个两难：如果想对美德做一说明，美德就失去了其在伦理学体系中的首要性；而如果想保持美德的首要性，你就无法解释什么是美德。笔者曾经用朱熹的例子说明，儒家如何可以既提供一种对美德的说明，而又保持美德的首要性，从而避免这个两难。但瓦特森认为在我们去说明什么是美德时，不管我们是否避免了第一个两难，我们往往会陷入又一个两难。我们在说明美德时往往借助人性概念，将美德与人性相联系。如果我们强调人性的客观性，那么这样的人性观念就会缺乏美德所需要的那种规范性；而如果我们要想强调人性之为美德所必需的规范性，我们的人性概念就往往缺乏客观性。亚里士多德用来说明美德的人性概念似乎就陷入了这个两难的第一翼。亚里士多德认为人性、即将人与其他动物区分开来的是理性。一般很少有人会怀疑这一点，因此这样一种人性观具有足够的客观性。但是正如很多当代有名的哲学家如麦克道尔（John McDowell）和威廉斯（Bernard Williams）都指出的，从理性里面是推不出规范性的美德概念的，也就是说一个具有充分理性的人不一定就是一个具有充分美德的人。麦克道尔还用了其有名的理性的狼来说明这一点。狼跟人一样是社会性的动物，其跟人不一样的一点即是缺乏理性。但麦克道尔说，假如一个狼群中的一只狼获得了理性，它不见得会变得道德起来；它反而有可能利用自己新获得的理性来算计其他狼，使自己不劳而获。这就是说，亚里士多德的说明是强调人性的客观性而缺乏为美德所需的规范性。

笔者曾用朱熹为例子说明儒家对美德伦理的贡献，强调其与亚里士多德的不同。在儒家看来，真正把人与动物区分开来的不是人有理性而动物没有，而是人有仁义礼智而动物没有。仁义礼智是人性的组成部分，但他们同时又是儒家最重要的德目。因此在另一个地方①，笔者强调，在儒家那里德（美德）和性（人性）是同一的。由于构成人性的仁义礼智本身就是规范性的美德，那么这种对人性的说明就避免了亚里士多德对人性的说明所具有的问题，而保持了人性这个概念为美德所必要的规范性。但现在的问题是，儒家在强调人性概念的规范性的同时是否失去了这个概念应有的客观性呢？也就是说儒家有没有什么客观的根据来证明人性中确实有仁义礼智呢？如果没有，那就表明儒家根据人性对美德的说明陷入了瓦特森所提到的这

① 黄勇：《理学的本体论美德伦理学：二程的德性合一论》，载杨国荣编《思想与文化》第四辑，华东师大出版社2004年版。

个两难的另一翼：保持了规范性却失去了客观性。笔者曾试图以朱熹为例回答这个问题。[①]虽然在朱熹看来，人性本是形而上者，对之我们不好说什么。但是人性是通过人情体现出来的。我们看到人有恻隐、羞恶、辞让和是非之情，我们知道这样的情必有其根，因此从这样的人情里面我们就可以推知人性里一定有仁义礼智。在朱熹看来，虽然人性看不见摸不着，但四端之情却是我们都可以看见的，而为了解释为什么会有这四端之情，我们不能不假定有仁义礼智之性，这就好像我们看到一棵健康的苗，为了解释其存在，我们就不能不假定下面一定有一健康的根，尽管我们看不见根，更无法直接断定其健康与否。正是在这一意义上，笔者认为朱熹关于人性的形而上学是一种解释性的形而上学：形而上学的仁义礼智概念是用来解释我们都感觉到的恻隐、羞恶、辞让和是非这些经验现象的。在这个意义上，儒家具有规范性的人性概念同时也具有客观性，从而避免了瓦特森所说的美德伦理的第二个两难。

三、儒家如何帮助美德伦理对当代哲学做出贡献

发展美德伦理学的目的当然主要不是要与近代以来在伦理学领域占主导地位的道义论和功用论争第一把交椅，而是要看美德伦理学能够为当代伦理学甚至当代哲学做出什么重要贡献。在这方面笔者认为，挖掘儒家的资源同样重要。

---

① 黄勇：《朱熹的形上学：解释性的而非基础主义的》，载《社会科学》2015年第1期，第118～128页；黄勇：《规则与德性：评童世骏〈论规则〉》，载《探索与争鸣》2016年第5期，第76～82页。

第一是关于动力之知的问题。这里我们关心的是儒家作为美德伦理学对道德认识论所可能做出的一个独特贡献。亚里士多德认为，我们不能仅因为一个人有德行就称他为具有美德的人。具有美德的人当然会从事德行，但除此之外，这个人还需要满足三个条件，才可以算是一个有美德的人。第一是这个人对于自己的德行有认识，即不是懵懵懂懂地去做的；第二是这个人自己选择去从事这样的德行并且是因为这个德行本身而不是别的理由才从事这样的德行；第三是这个德行来自其坚定而又稳定的性格。这里讲的第一个条件是知识，而且正是这样的知识使人有动力从事德行。但知识怎么能使人有动力去从事德行呢？这就涉及了认识的本质问题。传统的认识论，包括道德认识论，主要关注的是理智性的认识，即赖尔（Gilbert Ryle）所谓的命题性知识（knowing-that），如我知道我应该帮助那些需要帮助的人，但这样的知识很显然与道德动力没有必然的联系，因为有这样的知识而缺乏动力去帮助他人的大有人在。赖尔认为传统的认识论过于狭隘，忽略了一种与理智之知很不相同的能力之知（knowing-how）。他所谓的能力之知主要是指像知道怎样开玩笑和欣赏玩笑，怎样弹钢琴，怎样骑自行车等。它跟理智之知的一个重要差别在于，前者是通过看书或者听讲座就可以获得的，而后者则必须通过自己的反复实践才能获得。由于这样的知识具有实践性，而道德知识乃是实践的知识，很多人认为道德知识就是这样的能力之知。但是能力之知，同理智之知一样，跟一个人去做有关事情的动力没有必然联系。知道怎样帮助人即有能力帮助人而缺乏动力去帮助人的情况也是司空见惯。

所以笔者认为美德伦理中谈论的能够使人有动力去行动的

知识一定既不是理智之知，也不是能力之知，而是与此都不同的第三种知识，即笔者所谓的动力之知（knowng-to）。这是笔者在两篇相关的文章中已阐述的一个看法。①笔者认为虽然亚里士多德也有类似的观点，但把道德知识与道德动力的关系真正说清楚的要算王阳明。王阳明的良知概念就是笔者所谓的动力之知的范例。所谓的动力之知也就是人有动力去做相应的事情的知识。例如，我关于孝的动力之知就既不是我应该孝顺父母的知识（理智之知），也不是我关于如何去孝顺父母的知识（能力之知），而是会（不是表示能力的"会"而是表示倾向的"会"）去孝顺父母的知识，而这正是王阳明所要强调的。王阳明的良知概念的一个重要特征就是其所谓的知行合一。所谓的知行合一，很重要的一方面是知而必行；知而不行的"知"并不是真正的知。但这不是王阳明知行合一说的独特的方面。王阳明的知行合一说主要是用来批评程颐和朱熹的知行观的。程朱也非常强调知而必行，但他们同时却又认为知先行后，这就是说，知和行在他们那里是两回事。而在王阳明看来，知行的本来状态即他所谓的知行本体就是同一的，说知，行已经包含在里面，而说行，知已经包含在里面。说行只是要强调知所含有的使人行动的动力，而说知只是要说明行动之明觉精察。

第二是所谓信欲（besire）即信念和欲望的综合体的问题。这里我们所关心的是儒家作为美德伦理学对当代行动哲学、心灵哲学和道德心理学所能做出的一个贡献。在行动问题上，当

① 黄勇：《论王阳明的良知概念：命题性知识，能力之知，抑或动力之知?》，载《学术月刊》2016 年第 1 期，第 49 ~ 63 页；黄勇：《再论动力之知：回应郁振华教授》，载《学术月刊》2016 年第 12 期，第 24 ~ 30 页。

代哲学中占主导地位的还是休谟主义。休谟主义认为行动与信念（belief）和欲望（desire）这两种心灵状态有关。例如我去帮助一个人，作为一种理性的行动，一定是因为我相信我应该去帮助这个人，同时我又有欲望去帮助这个人，两者缺一不可。当然，这种立场也遭到了不同的批评。理性主义者认为信念本身已经可以说明行动，因此无需用欲望来解释行动，而情绪主义者（emotivist）则认为只有欲望可以解释行动，信念要么不过是一种伪装了的欲望，要么与行动根本没有关系。最近也有一些反休谟主义者，他们同意休谟主义，认为需要同时用信念和欲望才能解释行动，但他们与休谟主义又有不同，认为信念和欲望不是两个不同的心理状态，而是同一个心理状态的两个不同方面。这个心理状态一方面像信念，告诉我们该做什么，另一方面又像欲望，促使我们去做我们该做的事情。由于这样一种心理状态同时包含了信念与欲望，有人造了一个词，称之为信欲（besire）。很显然，笔者上面用动力之知来描述的王阳明的良知也就是这样一种信欲。例如，我关于孝的动力之知，一方面是关于我应该孝顺父母的信念，而另一方面又是我想去孝顺父母的欲望，而王阳明反复强调，这两者按其本体是一回事，他们是同一个心灵状态的两个方面。

但是这样一种观点遭到了休谟主义的批评，认为信欲（besire）非常怪异（bizarre），因此不可能存在。为什么呢？这是因为在他们看来，信念和欲望与世界的关系正好相反。如果我的信念与世界不一致，我就必须改变我的信念以与世界一致；但如果我的欲望与世界不一致，我往往会去改变这个世界以使它与我的欲望一致。所以信念这种心灵状态与世界一致的方向（让心灵状态去与世界适合）和欲望这种心灵状态与世界一致的方向（让世界去与心灵状态适合）正好相反。如果信念和欲望是两种不同的心灵状态，这不是一个问题，但如果它们属于同一个心灵状态，问题就出现了：假如这个心灵状态与世界不一致，我们是改变这个心灵状态、使之与世界适合呢（好像我们应该这么做，因为这个心灵状态是信念），还是改变世界、使之与这个心灵状态适合呢（好像我们应该这么做，因为这同一个心灵状态也是欲望）？作为信欲，我们要同时做这两件相互矛盾的事情。由此可见，信欲这种怪异的心灵状态压根就不可能存在。但笔者认为休谟主义者在这里犯了一个错误。他们把信念做了过于狭隘的理解，以为信念只包括像“今天在下雨”这样的描述性的信念。但事实上也存在规范性的信念。假如我相信所有子女应该孝顺父母，而在世界上并不是所有子女都孝顺父母，甚至世界上没有人孝顺父母，这也并不表明我应该放弃我的信念，而开始接受一个与世界相符合的信念。相反，我会认为，这个世界不是其应该是的样子，因此需要加以改变，使之与我的信念一致。这就表明，规范性的信念与描述性的信念不同，它与世界符合的方向是让世界与它这种心灵状态相适合，而不是相反，而这种适合方向同欲望与世界的适合方向是一样的。因此当儒家肯定有一个既是信念又是欲望的心灵状态即信欲时，他们并不是在讲一个非常怪异的心灵状态。笔者曾撰专文讨论这个问题。①

第三是关于政府有没有从事道德教育的功能的问题。在当代政治哲学中，关于政府是否有引导公民过好生活的功能问题

① 见黄勇：《为何信欲不是怪胎：儒家与印度教中的道德知识》，载泰奥多、姚治华编《梵与道：印中哲学和宗教比较研究》，宗教文化出版社 2017 年版。

上，存在着国家完善论和自由主义之间的争论。政治自由主义认为，政府在这个问题上应该保持中立，而国家完善论则认为政府有责任引导公民过好的生活而避免不好的生活。但笔者认为，他们所争论的都是那些涉及自我的（self-regarding）方面。例如，国家完善论认为国家有责任引导其公民过的好生活就包括欣赏艺术、音乐、自然之美等，而国家应该设法让其公民避免的不好的生活就包括酗酒、抽烟、赌博等。而自由主义认为，在这些问题上，到底什么是好生活应该由个人自己去决定。由于个性的极大差异，对于一个人来说是好的生活，对于另一个人来说则不一定是好的生活。在笔者看来，这场争论忽略了在其公民之涉及他人的（other-regarding）行为方面政府所应有的功能。自由主义者认为国家可以强制地推行与涉及他人的行为相关的那部分道德，而在这方面国家完善论没有加以质疑。正是在这一点上，笔者认为儒家可以做出其独特的贡献。①

孔子有句名言："道之以政，齐之以刑，民免而无耻；道之以德，齐之以礼，有耻且格。"（《论语·为政》）这就说明，在儒家看来，在推行涉及他人行为的道德方面，政府所依靠的主要不是政和刑，而是德和礼。在这一点上，如笔者曾指出的，儒家的主张甚至也与亚里士多德很不相同。②亚里士多德与儒家一样，也认为国家有让其公民成为具有美德的人的功能。但怎样才能让其公民具有美德呢？亚里士多德认为，多数人之所以不去做坏事，不是因为他们会为自己所做的坏事感到羞耻，而

---

① 黄勇，《公共权力应如何劝教生活方式》，载《学术前沿》2013 年第 2 期，第 12 ~ 33 页。

② 黄勇：《关于美德的正义：儒家对桑德尔正义观的修正》，载《南国学术》2017 年第 4 期，第 568 ~ 583 页。

是因为他们害怕惩罚，因此国家只有通过立法的手段才能使人获得美德。这与孔子上面讲的以德和礼使老百姓获得美德的看法大异其趣。这里所谓的德是政治统治者应该有的美德。孔子认为统治者是老百姓的样板。如果统治者“其身正，不令而行；其身不正，虽令不从”。（《论语·子路》）他对问政于他的季康子说：“政者，正也。子帅以正，孰敢不正?”（《论语·颜渊》）这些都说明，统治者要想让老百姓成为有德之人，首先他自己得成为一个有德之人，成为一个表率，让老百姓模仿。除了德教以外，孔子也很注重礼教。我们前面提到孔子的“兴于诗，立于礼，成于乐”。我们说这里的兴于诗，实际上是一种情感教育。但是通过诗歌等手段所激发起来的道德情感往往短暂而不稳定。为了维持由诗引起的道德情感，使之稳定化，孔子强调了礼的重要性。礼仪规则与惩罚性的法律不同。刑法偏重消极的禁止，而礼仪注重积极的规矩；违法的有刑罚的处分，而违礼的会受到君子和社会的批评；刑罚利用的是人们害怕惩罚的心理，而礼仪利用的是人们的羞耻心，因而可以使人“有耻且格”。当然在做出由礼仪规范所限制的道德行为时，人们可能还会感到某种拘束、不自然，因此孔子认为道德教育最后还需要通过乐教来完成，使人能够自然地、轻松地、快乐地从事德行。

第四点则与法律哲学中的惩罚理论有关。在一个人犯了罪以后，大家都认为这个人需要受到惩罚。在西方的法律哲学中，主要有两种惩罚理论。一种是报应（retributive）论。这种理论认为，在有任何人犯罪之前，大家都是平等的（不管这个平等是如何定义的），而罪犯通过其犯罪行为打破了这种平等，因为他通过让他人受损而使自己得益。社会就是要通过惩罚来恢复这个犯罪行为之前的平等状态。因此公正的惩罚应该不多不少地剥夺这个罪犯通过犯罪而获得的益处，或者应该不多不少地让这个罪犯接受他加给受害者的伤害。另一种是功用论（utilitarian）。这种理论认为，惩罚的目的是使这个罪犯甚至其他潜在的罪犯以后不再去犯罪。而要达到这个目的，通过惩罚使罪犯得到的伤害必须大于他通过犯罪得到的好处。在功用论看来，报应论的主要问题是，由于报应论反对让罪犯通过惩罚受到的伤害大于他通过犯罪得到的好处（或者他通过犯罪给他人带来的伤害），惩罚就起不到威慑的作用，这个罪犯以后还可能犯罪，而别的潜在的罪犯也会因此去犯罪，毕竟他们知道，如果他们的犯罪行为被发现，不过就是放弃通过犯罪所得到的好处，但他们有足够的自信，不可能他们的每次犯罪都会被发现。而在报应论看来，功用论的问题是其不公正。从公正的角度看，我们没有理由让一个罪犯通过惩罚得到的伤害大于他通过犯罪对他人造成的伤害，特别是我们不能用这个罪犯作为工具，让他受到过度的惩罚来威慑别人，使他们不敢去犯罪。

笔者曾提出儒家关于罪犯的看法，将这种看法称作康复论（rehabilitative），并认为这种理论比报应论和功用论优越。① 从儒家的美德伦理的立场出发，一个不道德的人，包括罪犯，实际上是一个人性上有缺陷的、不健康的人，因为正常的人都有仁义礼智，而不道德的人在仁义礼智方面受其私欲影响而受到了伤害。就好像我们在看到一个人身体上有缺陷、不健康、受伤害时，我们根本不会想该如何去惩罚这个人，而一定是如何

---

① 黄勇：《正曲为直：〈论语〉“亲亲相隐章”新解》，载《南国学术》2016年第3期，第366～377页；黄勇：《关于美德的正义：儒家对桑德尔正义观的修正》，载《南国学术》2017年第4期，第568～583页。

帮助这个人克服这样的缺陷，医治这样的伤害，并使之健康起来；同样，当我们看到一个人的人性或其明德受到其私欲的伤害（而去犯罪时），我们首先想到的也不应该是如何去在身体上惩罚这个在人性上已经受到伤害的人。相反，我们应该想方设法去帮助这个人克服其人性上的缺陷，从而使这个人成为一个健康的人。这种理论跟功用论和报复论的一个显著差别是，后两种理论主要关心的是受害者，因此首先想到的是如何为受害者去惩罚罪犯，而康复论所主要关心的则是罪犯，因此首先想到的是如何帮助这个罪犯医治其毛病。从直觉上看，这似乎是儒家康复论的一个缺陷：在一个罪犯对他人造成伤害以后，我们当然应该站在受害者这一边，而不是站在加害者即罪犯这一边。事实上，这正好体现了儒家康复论的长处。一方面，这个罪犯康复以后就成了人性上健全的人，即成了有德之人，那他以后就不会再去犯罪，而这正是功用论的目的。另一方面，这个罪犯在康复后，他们自然地会将其通过犯罪得到的好处交还给受害者，而对于其通过犯罪行为使被害者受到的其他伤害也会设法通过任何可能的方式加以弥补，而这也正是报应论所达到的目的。

人能弘道，圣人能继天立极

安乐哲（Roger T. Ames） 北京大学、夏威夷大学

世界的哲学存在深重的、似乎不可克服的不对称。在中国走进一家书店，或者走进任何一所重点大学图书馆，我们都会发现，几乎所有西方当代哲学最新思想人物的书——包括比较哲学家和汉学家著作，都已有高质量翻译的中文本，满足求知若渴的公众读者。而你走进美国或欧洲的一家书店或图书馆，哪怕中国当代最优秀思想家的著作，都几乎找不到译本，也不存在这样一个读者群。这种缺失——缺失一个当代中国学术读者群——是出于一种肤浅的认识，认为我们美国的、欧洲的思想才是对他人的施教文化，除了一点古典学之外中国学界并无可值得我们学的东西。

那么，这种西方是老师、中国是学生的不对称想法是从哪儿来的呢？众所周知，基督教传教士具有强烈的目的，他们将中国介绍到西方学术界，是为了拯救中国灵魂，用的是他们普世宗教的语汇——中国字的“天”变为“Heaven”（“天堂”），“义”变为“righteousness”（“正确性”），“道”变为“the Way”（“上帝之路”）；很快，我们就将它打扮成一套亚伯拉罕宗教的装束。久而久之，此类文化简化主义的后果是儒家哲学

的重大意义已在文字上很大程度地被“转换成”一个二等基督教；而且，原本在西方深受尊敬的“哲学”一词，并未被用来指儒学，儒学被认为适合在西方大学作为宗教或者亚洲研究学科对待，在书店和图书馆则被摆放在宗教类书架上。从西方角度看，儒家哲学被视为一个从我们自己的宗教意义衍生的传统，我们可以很舒服地在西方框架内对它进行理论化、概念化，而不必担心会有什么代价。

但是对中国进行概念化与理论化，不仅仅是西方哲学家的职业偏见，也是中国自己的问题。刘禾指出，19 世纪后半叶首先在日本，然后整个东亚都对西方现代性着迷，被它倾倒，在自己的亚洲语系中——日语、汉语、韩语和越南语——都制造出一套新的以汉语为基础的现代性语汇，而且又被迅速、全盘引进到这些文化之中的欧洲大学组织结构所强化。这种双重强加效果的概念化，导致持续发生深刻影响，由此兴起使用西方的框架与知识范畴的思潮，造成这些文化中形成一种自我殖民性的知识话语。

与这种不幸的不对称性文化翻译趋势持续发展的同时，中国在一代人的时期有了两位数的经济崛起，并伴随世界经济政治秩序迅速变化的趋势，世界趋向终于开始变化。正如我们可以预期，首先是对当代中国经济学和政治学著作的翻译，虽仍不是很多，却慢慢多起来。接着，我们看到人们在向西方读者介绍当代中国哲学，虽然还是零星的事件。如戴卡琳主编的专题性国际杂志《当代中国思想》，还有刚刚开始不久的由北京师范大学出版的季刊《中国哲学前沿》。另外，现在还有一些持续出版的零散项目，大多是由年轻译者翻译的有代表性的当代中国哲学家与知识分子的著作，如李泽厚、杨国荣、汪晖、郭齐勇、蒋庆、朱苏力及汤一介的重要著作。①当然，对于以中文资料为基础做研究的比较哲学家来说，汤一介等学者的成果是常被引用、人所熟知的，但对于那些限于以英文资料为研究来源，长期听不到当代中国哲学家的声音，现在加入到哲学对话中来的人来说，这只是刚出现的具有重要意义的新事物。我们如果要克服世界哲学令人窒息的不对称，就必须扶持它。

中国传统自身的一以贯之价值，是《易传》将天、地、人三才融贯和整体协同，作为宇宙观基础。这种协同是豁达，其含义是人类的兴盛发展要求人的经验呼应宇宙变化的全部复杂性。这种整体性审美主义是人的经验对域境、过程、事件的毅然投入和最终充满的审美性质，是对人类经验的语境化的、过程化的、事件化的和终极审美性本质的根本承诺，形成对人类经验内容的整体性、视点/视阈概念化的过程。在这个概念化过程中，作为无边无际的整个宇宙，都是现实的、供人所用的，人可在任何视点、事件践行修养。

《孟子》中有段人们熟悉的话，深刻揭示了提供文化语义环境的早期过程宇宙论的视点/视阈的动态活力：

> 万物皆备于我矣。反身而诚，乐莫大焉。强恕而行，求仁莫近焉。

---

① Yijie Tang（汤一介），"Emotion in Pre-Qin Ruist Moral Theory：An Explanation of 'Dao begins in Qing'"（《先秦儒家伦理思想中的情感问题——论"道始于情"》），trans. Brian Bruya and Haiming Wen，*Philosophy East and West* 53，no. 2（April 2003）：271 – 281；Yijie Tang，*Confucianism*，*Buddhism*，*Daoism*，*Christianity and Chinese Culture*（《儒释道耶与中国文化》）（Heidelberg：Springer，2015）；Yijie Tang，*Anthology of Philosophical and Cultural Issues*：*An Exploration into New Frontiers*（《哲学与文化问题集：新前沿探索》）（Singapore：Springer Singapore，2016）.

在这段话中，我们看到作为一个人的“存在”，“成仁”是全息性过程。在这里，对于世界所有发生的事物，我们关联性的“内在”抉择，以及我们对其他事物所能产生“外延”的程度和影响，事实上都是相辅相成的。孟子的“内”和“外”不是那种西方常认为的截然二分的范畴，也就是说不是那种内在意识与外在客观世界截然分开的范畴。“内在”和“外在”只不过是一个事物的不同方面而已，是聚焦点或场域的问题。一方面，儒家人生观主张积极处世，在独特地需要“诚”的各种事务关系的具体点上，我们要让这些关系既充满意义又富于区别性；另一方面，通过在我们扩大个人关系圈（恕）中的恭敬与生成意义，向外扩展具体点所在面上的关系。这两方面是共生的。内在压力越大，向外发力范围和影响就越大。在前者方面，当我审视在我做到与我周围他者达到合一的效果时，对我独特性的聚焦便成为前台视野，我合一为一个新自我；在后者方面，我的目光转到了延伸的范畴和他者更广阔的场域，也有了在扩展合作中我们才能创造的意义。

我自己的个人身份（我是那么特殊及与众不同）还有我本人所牵涉的复杂多重关系（我是谁，对他人而言我是多么不同）都仅仅不过是我们的变化故事的不同角度而已。就是说，对构成我的环境的东西来说我意味着什么，被推到前台，正如我努力用想象对越来越大的他人环境的不同需求做出适应。我们在“内部”关系中所达到的诚意和决心，被显示为在不断扩大的“外部”关系领域的“仁”行为。这样，不仅世界上各种各样的事情都涉及我，更重要的是，我的经验领域越来越有意义，因为我有能力充分解决我与构成我自己的无数事件的连通性。

如果要举一个这种点/面活力动态的具体例子，我们可以突出一个文化英雄的故事，如孔子，许久以来他和许多中国人关系的处理方式已经成为他的核心和标志性身份——夫子自身的叙事。或者，我们可以突显一个广阔的领域，即先是中国文化而后是世界文化，都受到孔子永恒影响的那个广阔领域。通过推广继续尊重孔子范例式叙述的品格，对于成为中国人，成为东亚人和越南人，以及今天成为一个在不断变化的世界文化中的充分参与者意味着什么而言，都有着深刻的意义。从一个角度看，孔子是一个强化的特别之点，而从另一个角度来看，他是世界文化一个日益广泛和焦点化的面。

这种包容性的儒家世界观需要一种相关的诠释学词汇，以表达对人类经验的理解："天人"（"人的片面性及其自然、文化环境"）、"道德"（"持久特殊性及其开放域场"）、"变通"（"持久又不断变化的经验性质"）、"体用"（"经验的形式和功能的相互作用"）、"知行"（"把我们的所知实现在我们的所为中"）等等。

在对这些关键术语的广泛研究中，汤一介多次回到作为他的出发点的《易经》。《易经》作为六经之首，是对展开宇宙叙述的"道"的基础性陈述。"道"运行在天、地和我们人的"生成"的共生过程和相互渗透中。在中国哲学传统中，并没有对开端和终点的预设：没有由某种外部神圣来源所提供的宏大的目的论设计或者宇宙蓝图，这种外部神圣来源以辩证逻辑的方式定义人类经验，似乎人类经验就是以线性的方式展开，以满足一些预期的目的。相反，无论是当时还是现在，人类经验的目标是寻求和培养我们在自然、社会和文化语境下可以实现的最佳联合。也就是说，我们人类必须在宇宙的无限丰富性和多样性即万物中，努力追求永恒与和谐。

有趣并值得一提的是，《易经》的几位评论家，如郭沫若，试图澄清《易经》标题的易的含义，这种一字多义的文本暗示出“易”是汉字“赐”的简写形式，“赐”意指“给与、交接、交换、互变”。这意味着该文本的标题应该更加明确地被翻译为《变易经》。用《周易》本身的话说，就是这三种共生的“方式”——天为“阴”和“阳”，地为“刚”和“柔”，拥有“完善行为”（仁）和“最佳行为”（义）的人——在持续宇宙和谐的生产性力量“乾”和“坤”的生成和发展过程中的合作。这三种力量中没有一种可与其他两种彼此分离或孤立，共同扩展就有能力——况且我们人类有责任——创造一个逐渐形成而深刻的道德宇宙，作为我们人类自己兴旺发达起来的场所。① 正如我们下文将看到，在汤一介对中国哲学的解读中，人类道德和自然和谐——真、善、美——是相互影响和相辅相成的。

具体地说，汤一介对中国哲学的最重要贡献之一，是他坚信中国文化可以成为产生社会智慧所需的一个重要因素，以应对日益复杂的当代世界的困境。他劝诫读者继续对中国文化进行批判性重估，并以此作为解决当今紧迫的社会、政治、环境和伦理问题的重要资源。他本人竭力从事这项工作，已经试图通过增加词汇的清晰度来使中国的哲学叙事变得易于理解——我们可以称这种语言为“关联式诠释”——这在古老的传统中是作为艺术的术语来使用的。

关于关联式诠释，我要强调的不仅仅是作为文本学方法论

① 汤一介：《汤一介哲学精华编》，北京联合出版公司2015年版，第18～23页、第414～427页、第533～549页。

意义上和解释说明意义的诠释学。汤先生自己是一个思想考古学者，他非常清楚文本解释在中国学术史上被重视，从早期直到今天都是如此。但除了文本研究外，我还将把关联式诠释学视为在自然过程宇宙论的“文本”中“阅读”人类经验的一种方式，自然过程宇宙论即是中国哲学传统的解释语境。也就是说，在这个更广泛的宇宙论意义上，关联式诠释学要求哲学家作为我们生存经验的评论者，因而也作为有持续的自身意义来源的哲学家，富有成效地去解释和回应生生不息的自然、社会和文化秩序。①

汤一介的出发点和他采用的在中国哲学中具有最广泛和最根本意义的特定范畴是“天人合一”，所描述的是我们人类与我们的环境之间的关系。我们可以将这个特定用语翻译成“自然、社会和文化环境的人类经验的深度融合”②。我们应当认真琢磨一下汤先生对“天人合一”的精微解释，他将“天人合一”作为“真”或“真正的生存”意味着什么样的终极道德律令。不过，我想首先认真回顾一下他作为“善”“美”基础的其他两个假设，即“知行”和“情境”。

在比较哲学中，这已经成为常识，即把作为对中国哲学经典来说持续性的解释性语境的相关的、解释学的术语的艺术，与那种继承自古典希腊哲学家的、提供了对前二十世纪西方哲学叙述的演进词汇的二元论范畴进行比较。当然，从二十世纪开始，驱动西方哲学话语内部批判的各种运动——现象学、解释学、实用主义、存在主义、后结构主义等，已经把基础主义、

① 汤一介：《汤一介哲学精华编》，第 33 ~ 37 页。
② 汤一介：《汤一介哲学精华编》，第 198 ~ 200 页、第 209 ~ 228 页。

形式主义、客观主义这些二元论范畴基础的体系哲学的超验论，作为他们共同的攻击对象。与威廉·詹姆斯对哲学的描述“极其固执地企图清楚地思考”不同的是，我们可以把达尔文主义转向之后的当代西方哲学，即将人类经验中的某些固定的和不变的元素问题化的当代西方哲学的特征描述为，“极其固执地尝试思考过程”。也就是说，目前西方和中国哲学叙述正在融合于它们的过程式的感性中，汤先生对这些相关性术语的分析与西方哲学的新方向直接相关。

在对“知行”的思考中，汤一介的洞见是中国哲学叙事从最早的记录开始，从未偏离“修身”即对个人培养的责任意识。在这种情况下，传统上被翻译为“认知”（knowing）的“知”远不止是对客观世界的认知把握；它还是一个深刻的参与性活动，并体现在我们与我们周围的其他人正在进行的各种事务中。《中庸》将知描述为个人与世界补充完善（成己成物）的事情，作为“成己成物”的结果，它在一个快乐智慧（知）的世界中实现完美的行为（仁）。这种“知道”作为“实践”，提供了对经验的美学解释，这需要来自解释者的责任、修养和赋予。“认知”是“实践”，是去做对于我们期待的世界成真而言必要的事情；也就是说，我们要有通过个人修养而使“美好”世界降临的想象力。因此，着手“认知”这个世界的实践并在认知中行动的实践，这两项活动远不是追求两个独立的目标，而是相互关联、相辅相成的活动。

汤一介认为，“知行合一”这一预设，在王阳明的著作中非常明确。王阳明虽然没有把人类经验的这两个方面等同起来，但他坚定并精微地论证了它们的不可分割性。王阳明向我们提供了中国哲学传统所发现的这一思想的最好总结，即“知者行之始也，行者知者之成也”。[①]

但是，作为他的习惯，汤一介要通过研究早期文本及注解开始他的思想深挖，即对“知行”的理解。在逐步地进行了大量考据的基础上，汤先生论证了王阳明的道德认识论，虽然在不同的语境中有不同的表达，但它已经成为从最早的记录开始的中国传统的一部分。实际上，考虑到汤先生坚定地主张中国认识论的恒久的道德维度，我们可能需要重新思考“知”的传统英语翻译，即通过承认其价值论和实践的含义，将“知”译作“knowing”。这种重新思考要求我们对上述王阳明对“知行”的总结更加动态，并依据传统理解为“快乐智慧的实现，在于践行应在何处开始，而且在此种践行之中得到实现”。

汤一介的第二个理论预设是“情境”（“人类情感与大自然的庄严的视域融合”），即作为人类体验中美是什么的基础“情境”。当然，我们可以立刻将这个特有的表达与王国维的美学联系起来，但汤先生再次通过返回到中国艺术和诗歌的传统理论家那里来追溯人类感知与自然之美的关联，探察了孔子在《论语》中的表述。由于美的最高表现不可约简且具道德，所以这种追寻美的愿望必须有利于培养有意义的人际关系。在这个传统中，乐美（乐）是家庭与社会德善（礼）的整合：

> 子谓韶，尽美矣，又尽善也。谓武，尽美矣，未尽善也。[②]

① 〔明〕王阳明：《传习录》。
② 《论语》，3.25。

关于美和善，中国哲学传统总是让我们回到儒家修身的课题上，回到与作为道德律令的自然秩序充分融合上来。对于儒家角色伦理而言，有效行动依赖于在社会和自然关系成长中的道德想象力，什么是善和什么是美，只是同一美学体验的两个方面的界定。①

在我们转向汤一介的第三个预设——“天人合一”作为“真”的终极基础——之前，我想介绍一下他对作为“形式和功能相互作用”的“体用”的一而二、二而一的相生关系的理解。② 细究这一表达，其最早的起源是王弼对《道德经》第38章的评论。汤先生视“体用”的根本是关系性，因此，视之为对经验的不同方面的描述，这种描述依据相互关系而定，而非本质的、二元论的范畴或者分析性的可割裂的思想。汤先生强调体和用是看问题的角度，二者其实是相互关联的术语，即“体用合一”，这就要求我们从不同的角度看待任何事件或现象。换句话说，如果我们使用“体用”意味着经验的绝对“变化”的性质，那么这种经验可以在其本质或“形式”两方面被理解，同时也可以在实际上正在做什么的动态方面被理解。“体用”同时是有力量的腿和它的行走：看同样的现象的两种不同的方式。

参照运用这种早期中国宇宙观的中国医学，提示我们必须通过承认生理学和解剖学、功能和结构的不可分离性，以避免因外部关系教条带来的形式主义。事实上，这是因为传统中医学对结构和功能之间的相互关系有着动态的、共生的理解，这是“体用”的表达所传递的最基本的关系——或者更简单地说，

---

① 汤一介：《汤一介哲学精华编》，第203～205页，370－394页。

② 汤一介：《汤一介哲学精华编》，第187～189页。

“变形”（transforming）——所以它可以为我们提供一种截然不同的方式来理解孟子所说的“万物皆备于我矣”。医学人类学家冯姝娣（Judith Farquhar）注意到，我们也许可以在称之为中国的“气”宇宙论的意义上理解“变形”（transformation）：

> 气既是结构的又是功能的，是一种物质与当时形式的结合，当简化成一或者另一个“方面”时它也就丧失了其所有的连贯性。①

在中医学中，整体的生理功能相对于更稳定的、更局部化的解剖结构而言，即使不处于优先的位置，也具有同等的重要性，这就要求解释是整体和包容性的，而不是过于特定而因此排他的。

汉学家一般都会敏锐地意识到，中国早期的宇宙观拒绝任何二元范畴简化论。我们可以通过对“心”的思考来说明这一点。认识到我们熟悉的作为“心脏”（heart）和“思想”（mind）或者“感觉”和“思考”的“情感”与“认知”的分离，与古典思想无关后，注译者试图通过将“heart”和“mind”转化成“heartmind”来使“心”的翻译标准化，以克服这种持久的认知—情感二元论。虽然这是一种合适的调解，但它事实上只是一个开始。除了抵制这种认知—情感二元论，“心”的概念也排除了其他相关的二元论，如身心、内外、主体/客体、自我/他人、能动性/行动以及部分/整体等。心不是作为一种活动

---

① Judith Farquhar, *Knowing Practice: The Clinical Encounter of Chinese Medicine* (Boulder: Westview Press, 1994), 34.

可以从思考中被分离出来的某种相关的脏器能力，或者某种可以从外部世界分离出来的内在密室，它必须在“形式”和“功能”（体用）的不可分的意义上被理解。这意味着我们思考什么和我们如何思考是一个持续的、复杂的身体和智识过程相互塑造的结果。有了这种认同，如果我们不仅仅将“心”看作是“心灵”（heartmind），而是（即使不合语法地）用动词作为形容词的形式来说，将其作为一种“在我们的经验领域内重要的对身体心灵（bodyheartminding）的聚焦”，我们可能对“心”这个术语理解得更加正确。无论如何，如果我们要从我们被压制的二元论假设中拯救“心”，我们就必须在这个更全面的方向上重新思考“心”。

除此之外，汤一介还站在严复一边，拒绝晚清改革家为了在中国和西方之间达成普遍的文化和解而对“体用”的一般应用。对于汤先生来说，无论是“西体中用”还是“中体西用”都是对“体用”的严重扭曲，使它分为两个可以聚集在一起的独立的东西，而不是一个可以在不同方面以不同的方式看待的相互关联的事件，例如兔子活着有它自己的“体”和“用”，但不能有鸭子的“体”与“用”。

现在，当我们转向作为“真”的终极基础的“天人合一”时，汤一介强调“知”天就是要效仿和遵循它、敬畏它、尊重它、保护它，参与使大自然的万事万物受益的事情，并避免伤害它们。汤先生也断言，“天”有着与之相关的宗教感和神圣感，这可以成为人类精神营养的源泉。[1] 但也许汤先生对我们理

① Yijie Tang, *Anthology of Philosophical and Cultural Issues*: *An Exploration into New Frontiers*, 423 –425.

解“天”最重要的贡献是他坚持人类与“天”有着内在而不是外在的关系：

> 它所指涉的不是一些外在于人类的自然王国，而是在一开始就与人类持续的、不可分离的一个生生不息的自然世界。其中，中国人观念中的“天”，与人类结成具有内在建构性关系的有机体……。外在关系与内在关系不同，前者意味着在两种事物之间（或多种事物的关系）的关系中，每种事物与其他事物都包含有某种独立的、不相联系的内容，而后者则意味着在两种事物（或多种事物的关系）的关系中，彼此不可分离且相互需要。①

汤一介在这里的意思是说，“天人”从根本上是一种内在的、有机构成的关系，“天”和“人”作为可以分开的领域，只是来自关系性最高秩序所派生出来的次级秩序。我们必须把它们看作同一个关系性“事件”的两个方面，而不是把它们当成独立的“事物”来对待。彼得·赫肖克（Peter Hershock）进一步解释了内外关系之间的区别，他认为汤先生清晰并且无可争议地解释了什么是内部构成性关系及其所蕴涵的我们该如何吸收经验。赫肖克诊断出我们在自己文化的特定的、顽固的习惯中看待世界的问题，即认为世界是由先前存在的、分散的“事物”组成的，然后它们进入到之间的外部关系中。由此，他挑战给予“事物”优先地位的倾向：

---

① Yijie Tang, *Anthology of Philosophical and Cultural Issues: An Exploration into New Frontiers*, 418, 423.

> 自治主体和客体最终只是抽象的人工制造物……我们所说的“事物”——无论是山脉、人类还是历史这样的复杂现象——只是已经建立的相对比较持久的价值视域或相关性（“事物”）视域的经验结果。它们不是像常识所坚信的那样，自然发生的现实或［事情］。事实上，我们当作独立于自身的“客体”的东西，只是关系的习惯性模式的一种功能。①

赫肖克继续为我们的文化束缚和默认假设提供了一种理智的疗法，即分散的“事物”是首要的，因此使得我们“通过构想这些关系是事先已存在的行为者而定的第二实在”来看世界。内在关系的原则要求我们对之有不同的常识：

> 这相当于一种本体论的态度，从把独立和非独立的行为者作为第一实在、把关系作为围绕他们的第二实在，转变为把关系性作为第一（或者终极的）实在，把所有个体的行为者视为（按照习俗）被分离出来或者被衍生出来的实在。②

汤先生和赫肖克都坚持认为，在这种过程宇宙论中，至关重要的关系性是首要的，被关系所组成的独特的“事件”，作为分散的、独立的事物的“客体”是从这种关系中衍生出来的，是次

① Peter Hershock, *Buddhism in the Public Sphere*: *Reorienting Global Interdependence* (New York: Routledge, 2006), 140.

② Peter Hershock, *Buddhism in the Public Sphere*: *Reorienting Global Interdependence*, 147.

要的。

重要的是，为了排除这里的误解，这种内在关系原则不会损害事物的独特个性。以个人的独特性为例，内在关系原则认为，这种个人的个性，远远不排除关系，它是在关系中实现的某种能力，因为关系是我们实际上是谁的组成部分。换句话说，人是由关系约定俗成的被聚焦的事件，而不是被划定为分散无关系的单一个体存在。为了标记和尊重“个体”的这两种不同的意义，我们不得不区分作为第一级别的“关系构成的个体性”和作为衍生出来的次级的“分散的个人主义”。

如果我们想要重演和描述汤一介所使用的定义早期中国宇宙观的这些关系性表达的共同点——“知行”“情境”“体用”及“天人”——我们可以确定以下一些共同特征。我们从汤一介的重要见解开始，即它们都承续了内在构成性关系原则，这个关系预设了一个有机的事件的本体论。我们有一个“事件性”的点域的全像世界，而不是由分散和孤立的“事物”构成的世界。这些表达都是“合一”的，即从某种特定的角度来看一个事件最根本的是什么。这些相关的二元体是有等级的，通常主导方面首先成对出现：天人、知行等等。需要强调的是，在它们绝对的“合一”关系中，我们不是把两个最初分开的事物组合在一起，而是考虑在它们的第一关系性中能被培养出来的和实现了的“度”。

例如，在描述关系而不是两个事物时，“天人”提出了一个问题：通过个人培养，这种“天人”关系达成了什么？因此，这些相关术语不只是描述性的，而且具有规范性。关系是有生产和生成能力的，与“天”和“人”一起相互协作以至于扩展至宇宙秩序（弘道、达道）。在这种二项但绝对的构成性关系中，“天”和“人”应被理解为正在做的和正在经历的、正在形成的和正被型塑的。很明显，人类从与“天”的关系中获益良多。“天”确实为人类的繁荣提供了背景，并且以一种典范的值得效仿和崇敬的方式为我们服务。但是，“天”和“人”之间的关系是相互的。我们必须问一问：“天”从人类这里得到了什么？

针对这个问题，汤一介首先引用了孔子：“人能弘道，非道弘人。”然后继续说：“只有人才可以使‘天道’发扬光大。”[①] 汤先生进一步观察说：“‘人’离不开‘天’，离开‘天’则‘人’无法生存；‘天’离不开‘人’，离开‘人’则‘天’的活泼泼的气象无法彰显。”[②]

但是，关于人对“天”的贡献，汤一介愿意走多远？考虑到汤先生赋予这种世界观的组成性内在关系的原则，我们必须认可正如“人”十分关键地被“天”所塑造一样，“天”也被人塑造。如何以及在什么程度上，“天”因人而不同？“天”在与“人”的关系中如何受益？汤先生认为“天”和“人”共享同样的“心”，在其中“真”是不断加深的一致性，以使勤勉的个人修养可以在二者之间产生影响。但是，由于人类对宇宙秩序的贡献，拥有共同心灵的“天”本身如何改变和如何深化，以及人对“天”自身的这种改变如何在古代经典中被表达呢？

这是一个重要的问题，因为对我而言，在中国的“天”概念和信仰方面，汤先生和我都同意这与亚伯拉罕宗教中人与他

---

① Yijie Tang, *Anthology of Philosophical and Cultural Issues*: *An Exploration into New Frontiers*, 420.

② Yijie Tang, *Anthology of Philosophical and Cultural Issues*: *An Exploration into New Frontiers*, 424.

们的神之间的不对称性形成最大的对比。一个完美的、因此不变的亚伯拉罕神的自我存在或者自给自足意味着，人类道德最终完全是从上帝派生出来的，人类在自身内不会产生影响，上帝即是一切；人类什么都不是。我们人类的角色只是崇拜和服从。神学家弗里德里希·施莱尔马赫（Friedrich Schleiermacher）将这种宗教描述为绝对依赖性教义原则："因此，绝对依赖的情感不能被解释为对世界存在的意识，而只能被解释为一种上帝存在的意识，解释为绝对的不可分割的统一体。"①与施莱尔马赫在这种断言中找到安宁相反，我却发现这种绝对依赖的信条在道德上是令人厌恶的。事实上，我对欧洲文艺复兴时期自由的人文主义的理解是，通过坚信人类自身的内在价值，而不是一个超验的独立的神，此信仰直接挑战了这种具有压迫性的宗教。

明显地区别于亚伯拉罕宗教，杰出的法国汉学家葛兰言（Marcel Granet）简明扼要地说："中国智慧不需要上帝的存在。"② 的确，正是在这种具有交互性的儒教中，"天"和"人"之间的相互性与亚伯拉罕传统形成了明显的对比。我们在这种"天人"关系中培养"深度融合"（度）的需要，这可能会影响到我们如何思考"天人合一"和人如何影响和改变"天"。最近刚刚发现的《五行篇》，可以为此思考提供一些文献佐证。这个重要的文本大致与《孟子》《中庸》属于同一系统，它的两个不同的版本已经在两个不同的考古遗址中被发现。这份文献一开篇就解释，作为行为内特有的、身份形成的模式，一个人

① Friedrich D. E. Schleiermacher, *The Christian Faith*, *ed. by H. R. Mackintosh and J. S. Stewart* (London: T & T Clark, 1999), 132.

② Marcel Granet, *La pensée Chinoise* (Paris: Editions Albin Michel, 1934), 478.

的行为如何变成习惯，以及这个过程如何首先在人际关系中生成“善”，然后达到改变世界的顶点的“德”①：

> 仁形于内，谓之德之行；不形于内，谓之行。
> 智（义）形于内，谓之德之行；不形于内，谓之行。
> 义（礼）形于内，谓之德之行；不形于内，谓之行。
> 礼（智）形于内，谓之德之行；不形于内，谓之行。
> 圣形于内，谓之德之行；不形于内，谓之［德之］行。

在解释这段话时，我们可以使用熟悉的孔子的表述“慎其独”，去关联这种即成习惯性行为如何作为构成人之为人的有说服力且具影响力的“心”的出现。这种行间带注的马王堆版《五行篇》明确将“心”定义为人之属性，即人之为人产生于这五种适当行为模式的结合：

> 慎其独也者，言舍夫五而慎其心之谓也。独然后一，一也者，夫五为□（一）心也，然后得之。

我们在《大学》中发现“慎其独”最初的意思是“诚其意”，与《五行篇》中它的意义大致相似。也就是说，“慎其独”意味着内化和巩固这五种特定的适当行为模式，即德行。

《五行篇》以作为“人道”的“善”和“天道”的“德”

① 考古发现了属于思孟学派的两个文本，一个是1973出土的约公元前168年的马王堆帛书本，一个是1993年出土的约公元前3世纪的郭店楚简本。同一文本的不同版本在其他地方的再次发现显示出此文木的重要性。

之间的差异为结论。这个令人好奇的差异，似乎通过这个事实被取消了，即文本之前刚刚使用了相同的术语“德”来描述完美的人类行为：

> 德之行五，和谓之德，四行和谓之善。善人道也，德天道也。

上文我们已经重构的能动性的“由点到面”的观念，能帮助我们理解《五行篇》结尾“人道”和“天道”的差异意味着什么。我们首先必须悬置我们默认的亚伯拉罕神学假设，并像我们上文重新思考“心”的“内在”和“外在”两方面一样，必须抵制这样的假设，即把“天道”和“人道”之间的差异当成两个相互排斥的领域。正如汤一介反复说的，人与天协作，是兼具人性与神性的世界中的一种自然而然并日益赐给我们以灵感的方式。

《五行篇》论述到，前四种适当行为“内在”的和谐统一为一个人的“德”，生成一个人的“外在”的“善”，但当第五种适当的人类行为模式——“圣”的行为——被添加到这种和谐中时，就生成“内在”的“德”，“德”被证明是在世的人和情境化的“天”的运作方式的完美表达。总之，圣知是天之所赖与人之所达，而神圣之“天”则被这种人的智慧深化和扩展。在这一章中，“德”，远未被描述为“天”的唯一表达，它是人类习惯性道德行为模式的结果，同时也是“天道”。这种共通的德行不仅强调了“天人”关系相对于“天”“人”差异的优先地位，而且还说明成圣可以拓展“天道”。

如果我们反思孟子将“心”的“四端”定义为家庭和社会

的人的原本状态，通过德行被表达的人道和“天道”的相互性的洞见就被进一步加强。当然，“心”之四端与前四种适当行为模式是相通的，而且正如我们在上面引用的《孟子》所言中发现的那样，“尽其心者，知其性也”。因此，我们可以把孟子“性善”的教义归结为“人道”。①

对“心灵”的点/面（focus/field）活力动态的理解，要求我们弃置内外差异是绝对的和本质的这种解释方式，而代之以将差异视为关联性的、经验性的和依据相关条件而定的解读方式。关键是，我们行为中的这些倾向——我们的四端——定位了在生活经验中由关系构成的人，在这种生命经验中，他们的主观态度以及他们的客观行为必须都被承认。“德”是人与世界之间的协作，而不是一种特有的行为模式，要么完全派生自外部的、在先的原则，要么仅仅在内部作为一种先存的人类本性的重复。也许《孟子》中这段文本的关键是定义“善”，“善”即是“可以为善矣”，也就是说我们“可以为善”。这表明，“善”远远不是一些先天人格特质的实现，即那种先在的绝对独立的人格，而是一个人生命品质的自然积累，可以在人的成长历程中后天习得。

这“四端”不仅是修“善”的产物，而且成为孟子论说的基础，被赋予了这些初始状态的每个人都可以追求成为圣贤。而且，“天人”关系的终极的深度融合（度）正存在于这一成圣成贤的过程之中。正如我们在《论语》中所看到的，“圣人”

① 重要的并不是孟子提出了一个关于内在能力与潜力的形而上理论——“性善论”，而是他提出人天生都具有“四端”，人处在关系网络与文化中才可能有正确的行为。

经常以天为喻，从而赋予“天”以人的因素：

> 叔孙武叔毁仲尼。子贡曰：“无以为也，仲尼不可毁也。他人之贤者，丘陵也，犹可逾也；仲尼，日月也，无得而逾焉。人虽欲自绝，其何伤于日月乎？多见其不知量也！”①

在郭店简《五行篇》中，同样的天文词汇被用来使明君和“天道”建立联系：

> 圣知，礼乐之所由生，五［行之所和］也。和则乐，乐则有德，有德则邦家兴。文［王之示也如此。文王在上，于昭］于天，此之谓也。②

而《中庸》则明确地说，如果每个人都可以成为一个圣人，那么每个人也都可以对“天”的改变产生影响：

> 唯天下至诚，为能经纶天下之大经，立天下之大本，知天地之化育。夫焉有所倚？肫肫其仁！渊渊其渊！浩浩其天！苟不固聪明圣知达天德者，其孰能知之？③

正是在这个意义上，正如汤一介从《易经》中所得出的一样，

---

① 《论语》，19.24，19.21，19.25。

② 郭店楚简《五行篇》，第十五节。

③ 《中庸》，第32章。

“人的成长”伴随着人类文化的产生，这与自然的崇高的蓬勃发展是不可分割的。也就是说，人类完全是宇宙中一种共同创造和变革的道德力量。

我们在这篇论文中的论点是，在这些古典儒家典籍中，圣知不仅在人类的经验中引入了划时代的变革，而且对于“天”和更广泛的宇宙的道德内容而言，也有着变革性的影响。换句话说，在这些文本中表达得相对模糊的“天”的概念，通过圣人的具体生活被详述和阐明。因此，不仅“人能弘道”，而且“圣人能弘天”。

（张锦　译）

“角色”与中英语境

——以安乐哲《儒家角色伦理学》为中心

温海明　中国人民大学

安乐哲从早年翻译《道德经》和《淮南子》入手，到二十世纪八十年代中期开始转向儒家，这跟很多西方人开始的时候对道家更感兴趣，之后才转向研究儒家的心路历程很像。通常来说，道家和佛教的思想对于西方人比儒家更有吸引力，因为儒家教人入世，努力奋发，成就自己，这样的说法在西方比较普遍，所以西方人一接触中国文化，往往被道家的无为和佛教的空所吸引，因为对于他们来说，这些是有明显异国情调的思想，而且容易给他们无限的遐思。当然，安乐哲的个人气质更接近儒家，所以后来转向儒家也就顺理成章。八十年代的时候，他跟郝大维合著《通过孔子而思》，他主要做的是文本解读，郝大维做哲学发挥，在合作中，他总是把自己定位在一个汉学家的角色，在长达二十余年跟同行合作的过程中，他基本形成了后来的哲学系统建构，这就是他提出的《儒家角色伦理学》。他强调，儒家价值的复兴对于西方人来说非常重要，可能带给西方第二次启蒙。这就达到了一个可能的历史高度了。因为在他看来，西方思想界已经陷入困境，而中国儒家思想可以重新启蒙西方。

他希望西方人能够从个人的视角转移到关系视角，否则，西方在个人主义的道路上越滑越远，最后可能万劫不复。尤其是西方人一直喜欢玩有我没你的零和游戏，这是可能导致西方巨大危机的历史魔障。他希望转向中国儒家式的无限游戏，彼此关心互助，天下一家。在这之前，他最需要的是澄清西方人对中国思想，尤其是儒家思想的深刻误解，尤其是不应该通过西方的理论谈中国思想，他认为用西方理论诠释中国传统基本上都有这个问题，他常常说的比喻就是西方人用鞋拔子把中国思想硬塞到不属于他的传统当中去，导致适应不良和多重误读。不过，他其实也意识到，在西方讲中国思想不可能不跟西方的思想进行对比，尤其是跟西方人诠释一个跟他们相当异质的古代文明思想系统，他自己也长期用美国实用主义的哲学思想来比附和诠释儒家思想，因为作为一个西方人，离开一个西方人相对熟悉的思想体系，面对一个远古文明时基本上如坠云里雾中。

但在建构儒家角色伦理学思想的过程中，他非常强调必须让儒家伦理讲自己的话，最明显的一点，就是不可以把西方的义务论（deontology）、德性伦理（virtue ethics）这样的提法运用到关于儒家伦理的解释上面。他的策略是用中文词汇表达中国思想，也就是用“角色”（role）这个在中英文语境当中区分很小的词汇来解释儒家的伦理学，中国的同行也提出过类似的看法，角色在儒家的生活，尤其是礼仪生活当中，成为一个基本无法越过的核心，而且是关系哲学的节点，这样，他就可以凭借对于“角色”的解读而建构一套西方相当不熟悉的关于儒家伦理的新解读。当然，从中文的角度看，“角色”是儒家伦理当中非常熟悉的词汇，但“role”在英语世界的儒家伦理学研究当中，跟“角色”在中文的儒家伦理研究文献当中的熟悉程度还是有比较大的区分的。后面我会对“role”作为一个英语词汇，不见得是汉语“角色”的精确对应略加讨论。

一、儒家角色伦理学的缘起

安乐哲对孟子人性论的研究，主要是为了适应他回击西方误读中国哲学的总原则，而不是为了解读孟子的文本或者孟子关于人性的理论本身，这样他否定很多中国哲学研究者的论断也就不足为奇。他强调过程（process）语言对于实体语言（substance language）的优先性，也因此反对大部分可能导致实体性诠释的解释方向。他在这样的形上学基础上提出了他的“儒家角色伦理学”，所以安乐哲的“儒家角色伦理学”基本忽略伦理学中善恶问题，因为这不是其伦理学的入手之处。安乐哲与罗斯文一道提出：“把儒家道德描述为一种‘角色伦理’，并主张儒家角色伦理学是一个有别于西方哲学而自成一格的伦理学取向。”[①] 他强调人们生活的关系性和关联性，认为生活就是一个不断改善我们生活其中的角色的过程。但郭齐勇认为，儒家思想中保留着超越的天与天道，儒家伦理背后有终极信念的理据。[②]这种说法跟安乐哲强调的无超越论形成鲜明对照。当然，谈论超越问题不是本文的重点，本文的重点在于，在比较哲学伦理学的视域里面，角色伦理学的哲学意味何在？

---

① 〔美〕安乐哲、〔美〕罗斯文：《〈论语〉的“孝”：儒家角色伦理与代际传递之动力》，载《华中师范大学学报（人文社会科学版）》2013 年第 5 期。

② 参见郭齐勇：《中国儒学之精神》，复旦大学出版社 2009 年版，第 237～260 页。

二、“角色”在中英文语境当中的意义之区分

因为语境和哲学背景的差异，英文当中的“ role”不完全等同于中文当中的“角色”。儒家角色伦理学在中文语境当中有自己的特殊意义，跟英文语境当中的 Confucian Role Ethics（CRE）不是完全一模一样的意思。这里我们要追问到底什么是儒家伦理，是人生活在某种角色的当下状态？即如此自然生存就是儒家的？既然和尚、道士在社会上和人际关系当中也扮演着某种角色，他们的生活状态通常来说不被认为是儒家的，那么何谓儒家？一个人当下如何生活才是儒家的，即人生存在某种当下状态的时候，他是否遵循儒家伦理之道？即按照儒家伦理原则来行事？也就是说，一个人如何扮演和坚持角色的那种内在的方式才是儒家的，如努力做到父慈子孝才是儒家的。我的结论是：率性而生存，自然而然不是儒家的，因为这种生活状态很可能是更接近于佛教或者道家的状态。而儒家伦理应该是力图扮演好某种角色的持续努力，力图做到父慈子孝，忠君孝父，也就是说，需要不断调整一个人当下的意识状态，力求努力实现某种持续的思想行为模式。所以在这个意义上理解儒家角色伦理就不是随性自然的，不能说人生活在社会当中的伦理状态就是儒家角色伦理，“儒家角色伦理”其实是一种特殊的角色扮演状态，也就是要有跟儒家相应的一套思考和行为方式。

中文当中“儒家角色伦理”的“角色”之意如何界定？人进入关系，即有角色。可以说，“角色”的本意是人格的一种面向，如戏剧、小说和生活中人持续做某种行为而表现出来的。扮演角色可以主动也可以被动，但都是指向一种背景当中持续

稳定的思想和行为模式。可以说一个人扮演角色就需要努力按照某种情境的要求来持续行为，表现出某种角色。也就是在小说、戏剧或日常生活当中，当时当地不断持续某种行为模式的努力。自然地生存可以说有角色伦理，但不是儒家角色伦理。

关于儒家伦理学观点有不同的说法，一般认为儒家伦理或者比较接近义务论，或者接近亚里士多德意义上努力修养某种德性的德性伦理学。唐君毅认为跟西方社会当中的权力观念相比，儒家义务论是非常明显的。①陈少峰认为儒家伦理就是角色伦理，如严格遵守礼教，所以是义务论，尤其是克己复礼。②李瑞全说儒家伦理接近于康德的义务论，虽然儒家主要讨论共通的仁心而不是行为的功利目的。③ Gregor Paul 认为儒家哲学可以提供普遍有效的伦理规范。④但余纪元认为儒家伦理是一种德性伦理，其内涵和深刻的程度都可以跟亚里士多德的德性伦理相比。⑤同样，唐文明认为儒家伦理关心人如何变得有道德，所以是德性伦理。⑥沈顺福则提出两种德性理论。

在过去的几十年中，这些看法都有助于理解什么是儒家伦理，尤其是在中英文语境当中儒家伦理诠释过程里面对“角色”的理解。从中文角度来看，以义务论来理解儒家伦理，而不是

---

① 杜维明：《现代精神与儒家传统》，联经出版事业公司 1996 年版，第 91 页。

② 陈少峰：《中国伦理学史》，北京大学出版社 1996 年版，第 19 页。

③ 李瑞全：《儒家生命伦理学》，鹅湖出版社 1999 年版，第 29 页。

④ Gregor Paul, “Global Ethics and Chinese Resources,” in *Chinese Ethics in a Global Context: Moral Bases of Contemporary Societies*, edited by Karl-Heinz Pohl and Anselm W. Muller (Leiden: Brill, 2002), 87.

⑤ 余纪元：《德性之镜：孔子与亚里士多德的伦理学》，中国人民大学出版社 2009 年版。

⑥ 唐文明：《儒家伦理与腐败问题》，见郭齐勇编《〈儒家伦理新批判〉之批判》，武汉大学出版社 2011 年版，第 580 页。

美德伦理，应该说更加接近角色伦理在其源生境遇当中的意思。孔子的确教人要遵从礼教，而且致力于复兴周礼。汉代之后，儒家独尊，儒家逐渐成为人们修身的基本要求，帮助人们调整自身意识以符合儒家行为规范，儒家角色也就成为士人君子调整其行为模式的目标。儒家教化就是帮助人们好好扮演其角色。我们可以比较历史上一些儒家角色伦理与安乐哲著作内容的维度。

首先，儒者遵守某种行为规范，可以理解为守礼、复礼，而且历史上相关内容不断系统化。可以说，成为儒者就是努力遵守儒家之道，听从儒家经典如五经和四书的教导，其中有如何按照儒家行事，成为儒者的具体说法。儒家角色伦理学意味着人如果被按照儒家的方式来塑造成为儒者，他们就基本能够修身齐家治国平天下。第二，成就角色的主要途径是模仿。成为儒者的人需要多识前言往行，努力培养自己的道德，按照古代圣人的榜样来思考和行为。一个人需要正心诚意，努力修身成为某种儒者，以期在社会上能够成功地扮演某种角色。为了扮演好这种角色，一个人需要付出巨大的调整心灵意识的持续努力，以期其思想和行为都能够合乎某种角色行为的规范。沈顺福认为，在儒者努力修养自己的过程当中，应该有行为主体来主导人的行为，而且人具备主动调节自己的能力。第三，扮演儒家角色意味着不断自立立人。如果一个人不修身，也不愿意帮助他人有所建立，如《红楼梦》中的贾宝玉，看透了儒家仁义礼智的虚伪，不愿意参加科举，考取功名，我们说这样的人是拒绝扮演儒家角色的人。在中国语境当中，贾宝玉这种取向更接近道家或佛家的行为方式，而不是扮演儒家角色的好榜样。可见，扮演儒家角色就不是率性而为，而是长期目标明确地坚持做某种事情，不断地实化自己的意念，让自己的行为调整到某种合适的状态，尤其是在自立立人的过程中，要做到恰到好处才可以。换句话说，儒者都是接受儒家行为模式引导的人，而且努力通过角色扮演的过程扮演好某种角色。当一个角色已经被接受和扮演，儒者就进入扮演某种儒家角色的情境，而且邀请周围的人来理解和参与这个儒家情境，让大家一起来帮助自己扮演好儒者的角色。第四，在后来的历史发展当中，尤其是近代以来，中国被西方打败而不得不开始现代化的历程之后，人们越来越觉得这种儒家角色的扮演成为一种负担。以胡适和鲁迅等反对传统文化为典型，逼迫儒家为中国的落后负责，这是儒家不可承受之重，因为国家的落后和成功，跟儒家思想本身没有直接的关系。那种重塑国民性的努力不可能成功，尤其是抛弃悠久文化传统的做法是不足取的，而传统的家族制度的破坏更是造成儒家伦理载体的巨大灾难。如今中国经济复兴，人们开始讨论如何重新恢复儒家，越来越多的人开始学习如何扮演儒家角色，成为儒者。第五，扮演儒家角色意味着一个人对于情境有良好的理解，因为一个人基本上都同时扮演多重角色[①]，而一个人扮演角色的最大困境在于，无论哪一个角色，无论其冲突如何，都必须合适到位，很多时候可以使人疯狂，无所适从，如通常说的忠孝不能两全等等。儒家伦理多数时候跟责任相关，因而逃避责任的选择就很难说是儒家选择，但一个人可能同时扮演儒家和道家式选择的角色，这在历史上

---

① 在比较极端的例子如乱伦中，乱伦行为无疑是角色错乱，尤其是心理角色巨大错乱。参张祥龙：《家与孝：从中西间视野看》，三联书店 2017 年版，第 139 ~ 178 页。

和生活当中都有很多例子，一个人可能同时儒道兼济。

因此，按照某种角色生活和扮演某种儒家角色在中文语境当中就有着多重维度。安乐哲的儒家角色伦理学首先是基于西方哲学与文化背景的思考。无论怎样，儒家伦理学作为中国哲学思想的重要部分，在中国原生的语境当中，意味着一种修身养性的道，尤其是调整个人思路和行为，如《大学》所谓三纲八目，通过一种修为程式才可能修养成为一个合格的儒者。如此看来，儒家所谓修身齐家治国平天下，是个人对心灵的自我调整过程，而不是率性而为的过程。在传统家国传统式微的现实情境当中，很多人怀疑儒家修身养性的有效性，于是儒家扮演某种角色的教化不再如历史上曾经的那样普遍。

三、儒家角色伦理学当中的角色之意

安乐哲的儒家角色伦理学致力于在英文语境当中建构一种新的理解儒家的进路。"角色"（role）这一关键词于是就承担了他的多重期待，我们可以做如下解析：

首先，安乐哲的角色意义建立在过程宇宙论的背景之上，这跟西方传统的形而上学有着明显的区分。在安乐哲看来，人的"角色"是人生存经验过程的一部分，"角色"扎扎实实地存在于人的生命历程当中，是对我们经验的一种描述。跟他通过一套词汇表来与其形上学的背景相应，安乐哲提出角色一词，是希望能够在英语语境当中尽可能回到儒家原意，或者通过似乎基本没有太大歧义的"role"来表述儒家的"角色"之意，从而达到让儒家思想在英文语境当中能够自正其身的意图。

其次，与形上学相应，安乐哲认为，儒家角色伦理学的个人观念跟欧美，尤其是美国流行的个人主义思想的个人观念大不相同。在安乐哲看来，人不是个人，而是关系中的人，儒家角色伦理是关系中的人努力扮演关系当中的角色，而这种关系是随着生存情境的变化而不断变化的。安乐哲和罗斯文把人理解为“被关联性缠绕的、基于情境的、在关系当中建构的人”①。他们认为，这种对人的理解在今天的中国依然适用。简言之，儒家角色伦理学当中的人是一个不断在变化的情境和关系当中努力扮演好某种角色的关系中的个体。毫无疑问，这样理解的人的关系重于其个体性，也就是人首先是作为关系存在，可以说离开关系，人就不再是人。儒家强调人在关系当中生存和发展，但传统儒家没有明确建构关于儒家个体的观念，而依托西方个人主义的儒家角色伦理的个人概念建构肯定要把个人建立在关系的基点上面。

安乐哲与罗斯文讨论的是古典儒家意义上的角色概念，不涉及宋明理学的相关讨论。他们认为，原始儒家角色的涵养和

---

① Roger T. Ames, *Confucian Role Ethics*: *A Vocabulary* (Hong Kong: The Chinese University Press, 2011), 15. 在这个问题上，安乐哲不否认儒家的个人概念，甚至认为，儒家比自由主义更有明显的个人观念。他借用《荀子·子道》记载的孔子与其弟子之间的一番对话来说明儒家的个人观念：子路入，子曰：“由，知者若何？仁者若何？”子路对曰：“知者使人知己，仁者使人爱己。”子曰：“可谓士矣！”子贡入，子曰：“赐，知者若何？仁者若何？”子贡对曰：“知者知人，仁者爱人。”子曰：“可谓士君子矣！”颜渊入，子曰：“回，知者若何？仁者若何？”颜渊对曰：“知者自知，仁者自爱。”子曰：“可谓明君子矣！”黄玉顺认为，惟有自爱，才能爱人；惟有爱人，才能使人爱己。……总之，自爱乃是仁爱的起点。他引扬雄“自爱，仁之至也”（《法言·君子》）说明“自爱”不仅是仁爱观念的深化，而且直接在儒家话语中说明了利欲何以可能的问题。参黄玉顺：《荀子的社会正义理论》，载《社会科学研究》2012 年第 3 期。而安乐哲的解读认为，自爱本身包括与他人的关系，而且因为有关系而更加个人，个人不是孤单的个体，而是品质性的个人生长过程，所以儒家的个人比自由主义的个人观念更有特色。

完成要通过“礼”，而“礼”可以通过“礼会”来理解，这跟他强调儒家的认知跟“体会”有关。①他认为人是通过角色和关系来实现礼仪的现实化的。②安乐哲也通过对“伦”的诠释学解读来说明这一点，这是他常常运用的古字词的关联性解读，比如把“伦”在古代相关的字形都加以解析，可能看出相关字演变过程的不同意义维度，如“伦”与“论”的关系，认为家庭之间的有效交流持续能够帮助以家为基础的社群走向繁荣。③人们在礼仪秩序当中实现自己的角色，在此意义上，安乐哲认为如今就是尽可能把他们的生活经验家庭化和熟悉化的努力。④应该说，儒家力图建立达到社群状态的有效家庭（熟悉）模式，也就是把所有的经验家庭化。可见，关系第一位的基础上，安乐哲把儒家的家庭观念置于第一位，认为家庭是塑造角色的第一场域，而角色就是通过人们的言语和行为沟通而产生的一种流动性状态。

跟倾向于强调抽象原则来调控个人行为的西方传统伦理学比较起来，安乐哲认为儒家角色伦理学最大限度地帮助人们在复杂的人类活动当中调节到合适的行为方式，从而使得人们的行为都能够合宜。⑤他认为角色伦理不提供任何一种抽象原则，不告诉人们按照某种原则来行事，也不会为了某种明确的道德目的而精打细算。⑥在他看来，角色暗示或者包涵了能够帮助人们按照儒家来行事的规则，尽可能扮演好一个母亲或邻居不是

① Roger T. Ames, *Confucian Role Ethics*: *A Vocabulary*, 21.
② Roger T. Ames, *Confucian Role Ethics*: *A Vocabulary*, 22
③ Roger T. Ames, *Confucian Role Ethics*: *A Vocabulary*, 98.
④ Roger T. Ames, *Confucian Role Ethics*: *A Vocabulary*, 98.
⑤ Roger T. Ames, *Confucian Role Ethics*: *A Vocabulary*, 161.
⑥ Roger T. Ames, *Confucian Role Ethics*: *A Vocabulary*, 164.

描述性的，说明有一套如何扮演母亲和邻居的一套行为规范。他喜欢运用英文的系动词如“mothering”来把名词动词化，认为角色不仅仅是角色之名，而有角色之动的过程。

于是，安乐哲的“role”（角色）在英文当中的意思可以说是一种诠释之后的再建构。在这个建构过程当中，家庭是被强调的中心，关系是核心。角色不是静态的名称，而是不断成为某种角色的过程。以过程性的眼光来看，角色不是一个人应该遵从的规范，而是不断在日常生活和经验当中，一个人应该如何成功扮演某种角色的努力。

四、中英文中“角色”含义之比较

中文的“角色”和英文的“role”或许可以做如下比较：

首先，安乐哲创造一个新的词汇表，这是理解英文语境当中角色伦理意义的一种新的进路，只有这样才可以用儒家的本义来把握其真义。[①]无疑，他的儒家角色伦理讨论，对于研究儒家的学者如何理解儒家伦理有借鉴意义。但我不是很同意罗斯文说，如果我的一些角色发生变化，那么其他人也会跟着变化，因为我成为一个新人。[②]古代儒家关于角色的理解更多为社会关系决定，五伦的角色之名本身不是轻易可以改变的，如父子关系一辈子不改变，类似这样的关系一旦进入，由这种关系决定的角色就很难改变，更不是自己的意志所能更改的。一个人的角色在不同背景当中可以不断改变，人可以有多种角色，但人

① Roger T. Ames, *Confucian Role Ethics*: *A Vocabulary*, 23.

② Roger T. Ames, *Confucian Role Ethics*: *A Vocabulary*, 16.

们同时扮演多重角色，在不同角色的转换过程当中，并不意味着一个人就变成另一个人。另外，一个人的角色多重，并不等于一个人具有多重人格，在角色的转换过程当中，一个人可以有一种相对稳定性，这是变动的个人观念很不愿意面对的。

其次，安乐哲和罗斯文强调他们的新词汇，如生成当中的人，或者译为"成人"（human becoming），这也是一种刻意表达人是变化的过程，而不是某种存在物（being），他认为人是跟他人一起成就的（do ［ing］ together）[①]，这就基本是一种超越传统背景和他人塑造中国"角色"内涵的努力，强调 role（角色）是跟随关系不断变化的。其实，中国情境当中，角色更多是为关系本身或者相对稳定的关系长期决定的。父子关系不改变，父子的角色定位也很难改变，儒家父慈子孝的伦理要求也基本不改变。儒家的角色扮演来自角色产生之后，只是认为角色关系之中双方的角色都应该不断成长，但角色作为一种对关系规定的名分，本身并不随着变化的关系改变而改变。

第三，安乐哲用"场心"结构来讨论角色在不同关系当中的位置。角色既是我们本来具有，又是我们在生活经验当中需要不断去成就的。可见，角色不是单独的心，不同的角色可能同时是不同的心，在多重情境之间的多重核心容易发生冲突。无疑扮演角色是一个动态的过程，但角色本身在动态的过程当中保持着某种相对稳定性。即使一个父子关系中的人，不按照儒家的要求行事，但他们的父亲和儿子的角色却不会改变，这样角色与"礼"的关系就没有那么直接和固定了。安乐哲解释

① Roger T. Ames, *Confucian Role Ethics: A Vocabulary*, 87.

“礼”作为“在人们的角色和关系当中尽可能合适”① 的过程，但对孔子来说，“礼”基本上不是日常生活当中生成的过程，而是人们应该当下遵守的行为规范。他强调周礼已失，需要克己复礼。所以，在孔子看来，一个人扮演某个角色的过程要求人介入家庭社会关系，并通过自己长期的、真心实意的修为来塑造自己，力图使自己的行为符合某种儒家行为模式的要求。在这个意义上，角色先是被规定的，其次是被塑造的，再次才是个体主动塑造的，最后才是生成变化的当下状态。人无论是作为个体性的存在，还是社会性的存在，都不是先天的社会人，而是后天介入社会关系而成为社会人。②

安乐哲强调角色是我们生活过程当中的本然部分，而不是扮演的③，这跟戏剧的角色扮演有着明显区分。但儒家其实强调如何扮演好君臣父子角色的努力，需要通过某种相对稳定的行为模式来实现。儒者认为，社会要求人们按照某种方式来行为，并尽可能把孝悌论证成为一种自然的机制，成为建构和谐关系的基础，其实是反思之后成为某种先行机制的设定。一些人可能认为，儒者按照某种儒家角色来生活并不容易，尤其是中规中矩地生活其实是一个很大的挑战。在近代以来，尤其是面对中国事实落后的现代历史进程，古典时代按照儒家方式来生活的提法遇到了非常严肃的挑战。近代很多人喜欢自由主义，在某种程度上是传统佛道思想和生活方式的变调，毕竟儒家不强

① Roger T. Ames, *Confucian Role Ethics: A Vocabulary*, 144.

② 任剑涛反对角色的自然正当这种提法。他认为，如果把人的社会性先天地个体化，就等于强调一个人先天的集体主义，而这是不合理的，因为虽然人生下来之后在集体之中，但不等于人先天就具有集体性的存在本质。何况角色更多的时候是被塑造的。

③ Roger T. Ames, *Confucian Role Ethics: A Vocabulary*, 96.

调个人自由，也不认为自由选择就是儒家，而是按照某种方式来思考和选择才是儒家。按照儒家行事其实非常不容易，因为把握行为的分寸极其艰难。

按照某种角色来生活，并不必然能够有效地生活，因为按照某种角色来生活大多数时候不过是社会的正常期望。于是，儒家认为每个社会中人都应该按照某种行为方式来行动，这也是孔子提出“正名”的原因。“正名”，其实也是正角色，就是要求人们调整其行为，不仅仅是按照最有效的方式来生活，而是理解自己到底应该要扮演一个什么角色，并且要努力扮演好这种角色。在儒家那里，按照某种角色来生活有其基本的应有之意，也就是说，人都需要按照某种角色来生活，可以说是没有选择的。在儒家看来，一个人在家庭生活当中，父慈子孝是扮演父子角色的基本要求，但是每时每刻都做得到父慈子孝的理想状态，就是一种最高级的理想了，不是去扮演相关角色就可能达到的。仅仅扮演儒家角色在多数情况下不过是最低要求。安乐哲指出的按照某种合适的“义”的方式来生活①，以期达到关系建构的完美状态，但这种完美毕竟是其次的。

这样分析比较之后，我认为，角色是人在社会生活当中存在的基本形式，一个人按照某种角色自然而然生活未必就是儒家，成为儒家的根本在于，儒家是主动决定，是能够发挥自我努力成为儒者的当下机制，这才是儒者扮演社会角色，并且成为儒者的核心之所在。

---

① Roger T. Ames, *Confucian Role Ethics: A Vocabulary*, 161.

结 论

通过讨论角色在儒家和安乐哲的意义上的异同，我们发现安乐哲就其本身来研究儒家角色伦理学的方法的确能够帮助理解儒家伦理，因为带出的新意义值得仔细考察思考，给中文语境关于儒家伦理的讨论带来很多启发。可以说，儒家按照某种角色来行为，遵从过往儒者的教导，扮演某种角色的说法还是有活力的。我要强调的是，不是角色本身，或按照角色生活，或者扮演某种角色的过程就是“儒家”。毋宁说，是人们如何生活或者扮演他们的角色，亦即他们扮演角色时注入角色本身的那种态度，如何选择和控制情感，力图中和等等，才真正构成儒家之谓儒家。简言之，儒家式生活无疑是安乐哲所言的一种角色生存或者角色扮演，但“角色”本身的扮演过程不是儒家之谓儒家的应有之意。主要的是人们生活和扮演其角色的“道”，也就是他们如何生活，如何思考和选择，他们扮演角色的那种主动控制的状态，才决定一个人是否是真的儒者。

儒家为何从“天理”高度说“仁”

——观念儒学研究之一

曾振宇　闽南师范大学、山东大学

一、理是“净洁空阔底世界”

在中国哲学史上，真正有创造性的思想家在其思想体系中，必定有几个独创性的概念、观念。在二程哲学体系中，“天理”无疑是最具标帜性的观念。虽然《庄子》《韩非子》《礼记》等典籍已出现“天理”一词，“能指”虽同，但“所指”与哲学意涵已有翻天覆地变化。正是在这一意义上，程明道颇为自豪地说：“吾学虽有所受，天理二字却是自家体贴出来。”①“自家体贴出来”的“天理”，在哲学性质上，无生无灭，犹如华严宗所言“涅槃无生无出故。若法无生无出，则无有灭”②。既然天理不可以“生灭”界说，自然没有空间的特性，“理无形也，故

① 〔北宋〕程颢、程颐撰，王孝鱼点校：《二程集·河南程氏外书》卷十二，中华书局2004年版，第424页。

② 〔唐〕实叉难陀译，高振农译注：《华严经译注》，中华书局2012年版，第82页。

因象以明理”[①]。“道体物不遗，不应有方所”[②]。“理无形”的表述在程伊川文章中多次出现，“有方所，则有限量”[③]。天理无方所，不存在具体存在所具有的空间特性。先秦庄子明确点明“道无终始，物有死生”[④]。道与物截然相分，形而上层面的“道”，不可以“终始”来界说。道没有具象那种度量时间属性，具体之物才有度量时间属性，因为时间与空间只是具体存在才具有的存在方式。天理无形，天理无终始，甚至“天理”这一概念本身之“能指”与“所指”，也是“只是道得如此，更难为名状”[⑤]。天理在语言上、甚至逻辑上“难为名状”，使用“天理”这一概念也不过是“强为之名”（老子语），这一观点与《老子》“道可道，非常道”显然有异曲同工之妙。海德格尔言及“存在”时，也特别指出：“‘存在’这个概念是不可定义的，这是从它的最高普遍性推论出来的。”[⑥] 传统逻辑的定义方法，可以界说各种对象性的存在者。但是，这种定义方法不适用于“存在”。因为当我们问“存在是什么”？我们已经“栖身在对‘是（在）’的某种领会之中了”[⑦]。当我们用语言与文字界定“存在”或者“天理”，实际上是将“存在”与“天

① 〔北宋〕程颢、程颐：《二程集·河南程氏粹言》卷一，中华书局 2004 年版，第 1205 页。

② 〔北宋〕程颢、程颐：《二程集·河南程氏遗书》卷二上，中华书局 2004 年版，第 21 页。

③ 〔北宋〕程颐：《二程集·周易程氏传》卷三，中华书局 2004 年版，第 913 页。

④ 〔清〕郭庆藩编，王孝鱼点校：《庄子集释·秋水篇》，中华书局 2013 年，第 520 页。

⑤ 〔北宋〕程颢、程颐：《二程集·河南程氏遗书》卷二上，第 38 页。

⑥ 〔德〕马丁·海德格尔著，陈嘉映、王庆节合译：《存在与时间》（修订译本），生活·读书·新知三联书店 2014 年版，第 5 页。

⑦ 〔德〕马丁·海德格尔：《存在与时间》（修订译本），第 7 页。

理”纳入概念，使其归属于某一抽象，甚至使其对象化和一般化。问题的实质在于，“存在”或者“天理”显然不是对象化的存在。

与二程一样，在朱熹思想体系中，位阶最高的范畴是“理”。理是天地万物存在所以可能的普遍根据，理决定了某物之所以为某物的本质。理是存在的第一原理，理是存在的“所以然”。有人问朱子：“昨谓未有天地之先，毕竟是先有理，如何?”朱子回答：“未有天地之先，毕竟也只是理。有此理，便有此天地。若无此理，便亦无天地，无人无物，都无该载了!”① 理先于天地人而存在，理在逻辑上有“天地之先”的特点。在天地万物没有产生之前，理“亘古今常存”②。在一次与学生的对话中，朱子甚至说：“且如万一山河天地都陷了，毕竟理却只在这里。”③ “陷”意味着天地万物不复存在，有时空限定的具体存在消亡，作为本体的理，仍然可以独立存在。有人问：“未有人时，此理何在?”朱子答：“也只在这里。如一海水，或取得一杓，或取得一担，或取得一椀，都是这海水。但是他为主，我为客，他较长久，我得之不久耳。”④ 朱子以有形体、有质量的“海水”比喻理，多少会使人有些误解。误以为本体论意义上的理，也有空间特性。恰恰相反，朱子想要表达的一个观点是：理“无形体”⑤。理不具有具体存在才具备的时间特性与空间特性。换言之，不可以用时间与空间来界定理，因为理是超

① 〔南宋〕黎靖德编：《朱子语类》卷一，中华书局1994年版，第1页。
② 〔南宋〕黎靖德编：《朱子语类》卷三，第46页。
③ 〔南宋〕黎靖德编：《朱子语类》卷一，第4页。
④ 〔南宋〕黎靖德编：《朱子语类》卷一，第2页。
⑤ 〔南宋〕黎靖德编：《朱子语类》卷一，第1页。

越时间与空间的本体存在。不仅如此，理“无情意，无计度，无造作”[①]。理不是至上人格神，理没有生命意识与情欲，也不会具体生成天地万物。概而言之，理根本就不是一对象性存在。正因为如此，理才是一个“净洁空阔底世界”[②]。在《答杨子顺》一文中，朱子特意点明理是“形而上者”：“谓一阴一阳之谓道已涉形器，五性为形而下者，恐皆未然。阴阳固是形而下者，然所以一阴一阳者，乃理也，形而上者也。五事固是形而下者，然五常之性则理也，形而上者也。”[③] 阴阳五行属于形而下，理是阴阳五行背后隐藏的“所以阴阳者”，因此属于“形而上者”。在《易传》思想架构中，阴阳之气是天地万物生成何以可能的本原，气显然是形而上的第一概念。但是，在朱子哲学架构中，气已下降为“形而下者”，代之而起的是“理”。

二、天理至善

如果二程朱子的“天理”仅仅用于界说宇宙万物起源何以可能，那么这种存在的存在缺乏意义。令人欣喜的是，天理又是一个德性本体。恰恰正是先验赋有这一特性，天理的存在才真正具有了意义。换言之，以天理为代表的儒家本体论，真正目的在于为人类、甚至为宇宙万物奠定一个共同的道德根基，论证一个亘古不移的“共同善”，建构一个以“天下”为基础的社会共同体。《宋元学案》讲述程伊川与邵康节讨论天地间为

---

① 〔南宋〕黎靖德编：《朱子语类》卷一，第 3 页。

② 〔南宋〕黎靖德编：《朱子语类》卷一，第 3 页。

③ 〔南宋〕朱熹撰，郭齐、尹波点校：《朱熹集》卷五十九，四川教育出版社 1996 年版，第 3036 页。

何有电闪雷鸣自然现象，程伊川的回答是“起于起处”。程伊川的这一回答表面上看似乎有些敷衍了事，实际上程伊川是想告诉邵康节：儒家最高的使命，并不在于探究自然现象背后的自然原理，而在于为宇宙生命创建一个价值世界和意义世界，建构一个普世性的共同善。由此而来，天理至善是儒家力图证明的哲学课题。

汉学家葛瑞汉指出，程伊川在论证“天理善何以可能”思路上，其问题意识与逻辑路向可梳理为：从天理落实到性，性善因为天理善。“至于二程，伊川毫不犹豫地把善归于理，因而也归于性。”[①] 葛瑞汉这一诠释应当是“原样理解”，从天理至善落实到性善仁善，确实是程伊川一以贯之的运思路向：“如天理底意思，诚只是诚此者也，敬只是敬此者也，非是别有一个诚，更有一个敬也。天理云者，这一个道理，更有甚穷已？不为尧存，不为桀亡。人得之者，故大行不加，穷居不损。这上头来，更怎生说得存亡加减？是佗元无少欠，百理具备。”[②] 天理是天地万物“所以阴阳者”，是“事物之所由成为事物者”[③]。既是天地自然存在之最终依据，又是人类社会应然法则，所以称之为“百里具备”。不仅如此，天理还是性善何以可能之形而上学根据：“天下之理，原其所自，未有不善。”[④]“盖天道运

① 〔英〕葛瑞汉著，程德祥等译：《中国的两位哲学家：二程兄弟的新儒学》，大象出版社2000年版，第209页。

② 〔北宋〕程颢、程颐：《二程集·河南程氏遗书》卷二上，第31页。

③ 〔古希腊〕亚里士多德著，吴寿彭译：《形而上学》，商务印书馆1997年版，第88～89页。

④ 〔北宋〕程颢、程颐：《二程集·河南程氏遗书》卷二十二上，第292页。

行，赋与万物，莫非至善无妄之理而不已焉，是则所谓天命者也。”① 天理“至善”！程颐、朱熹这一观点，在中国哲学史上非常重要。从形上学高度论证哲学本体“至善”，可能肇始于《庄子》。《齐物论》中的“无己”“无功”“无名”，表面上是赞颂真人之德，实际上是表述“道”之德性，因为真人、圣人、至人都是道之人格化隐喻。道至善，在《骈拇》篇中直接表述为道“臧”：“吾所谓臧者，非仁义之谓也，臧于其德而已矣；吾所谓臧者，非所谓仁义之谓也，任其性命之情而已矣。”“臧”即善，成玄英《疏》云：“臧，善也。”德源出于道，德“臧”自然以道“臧”为前提。“臧于其德”和“任其性命之情”，都是指道在人性之彰显。道善决定了人性善，人性（“真性”）中的仁义是“道德不废”意义上的仁义，这种仁义是“大仁”“至仁”。在儒家谱系中，寻找并证明“至善”，也是自孔子以来历代儒家矻矻以求的哲学使命。《大学》“止于至善”，还停留在生活伦理的视域论证，尚未上升到形上学的本体论高度证明。周敦颐以“诚”论太极之德，太极本体已蕴涵“纯粹至善”的超越德性，但尚处于发轫时期。因为周濂溪始终没有从哲学上回答一个问题：既然太极的本质是气，气作为一物质性的本体，具有先在性的德性如何可能？“天理”显然与“气”不一样，作为二程兄弟“自家体贴出来”的观念，是一精神性本体。既然是精神性本体，也就意味着程明道、程伊川和朱晦庵，从哲学形上学高度证明“至善”顺理成章。

缘此，程朱是如何从形上学层面证明“天理”至善的呢？

---

① 〔南宋〕朱熹：《朱子全书》卷三，上海古籍出版社、安徽教育出版社 2002 年版，第 641 页。

粗略分析，基本上可分为两个层面：

其一，以用证体。从“生生之德”入手，证明天理本体至善。在程颐、朱熹思想逻辑结构中，对“天理至善”何以可能的证明，首先从《易传》“一阴一阳之谓道，继之者善也，成之者性也”论断中寻求理论资源。“‘生生之谓易’，是天之所以为道也。天只是以生为道，继此生理者，即是善也。善便有一个元底意思。‘元者善之长’，万物皆有春意，便是‘继之者善也’。”[①]“造化所以发育万物者，为‘继之者善’，‘各正其性命’者，为‘成之者性’。”[②]《易传》作者所言“生生”之德，是从宇宙生成论视域立论，“天地之大德曰生”。宇宙本原化生万物，宇宙之间一片春意盎然。云卷云舒、花开花落，每一种物体都按照其本性自由自在生长。但宇宙本原从不居功自傲，宇宙本原有“生生”之德，“生生”之德即是善。在传统思想资源意义上，除了《易传》之外，程颐、朱熹思想与老子“道”论有几分相通之处。老子“道法自然”即“道不违自然”。道生成万物，但道“生而不有，为而不恃，长而不宰”（《老子》十章），道并不居功自傲，也不干预天下万物，而是遵循万物之本性（自然），让天地万物自身如其自身地存在与变化。道不仅是宇宙本原，而且道有大德。换言之，道是价值本源与根据。严灵峰认为老子之道有四重义项，其中之一就是道乃人生修身养性之应然法则。[③] 唐君毅也认为，老子之道蕴涵“同于德之义”：“道之义亦未尝不可同于德之义。盖谓物有得于

① 〔北宋〕程颢、程颐：《二程集·河南程氏遗书》卷二上，第29页。
② 〔南宋〕黎靖德编：《朱子语类》卷七十四，第1897页。
③ 严灵峰：《老庄研究》，台北中华书局1966年，第378页。

道者为德，则此德之内容，亦只是其所得于道者；此其所得于道者，固亦只是道而已。”①道是一“德性”的最高存在，程子和朱子的天理也先验性具有德性。

其二，进一步从超越的意义层面立论。周敦颐《通书》云：“‘大哉乾元，万物资始’，诚之源也。‘乾道变化，各正性命’，诚斯立焉。纯粹至善者也。”周敦颐以“诚”贯通天人，以形上本体之诚，论证人之心性之诚何以可能。价值本体已蕴涵“纯粹至善”的先在德性。二程思想中“善便有一个元底意思”，应当是对周敦颐思想有所批评前提下的“自已讲”：

“一阴一阳之谓道”，道非阴阳也，所以一阴一阳道也。如一阖一辟谓之变。②

离了阴阳更无道，所以阴阳者是道也。阴阳，气也。气是形而下者，道是形而上者。形而上者则是密也。③

理则一而已，其形者则谓之器，其不形者则谓之道。然而道非器不形，器非道不立。盖阴阳亦器也，而所以阴阳者道也。是以一阴一阳，往来不息，而圣人指是以明道之全体也。④

程颐、朱熹在运思路向与观点上，显然与《易传》和周濂溪大异其趣：一是以“天理”观念取代了阴阳气论，理是“所

① 唐君毅：《原道上：老子言道之六义》，见《中国哲学原论·导论篇》，中国社会科学出版社2005年版，第230页。

② 〔北宋〕程颢、程颐：《二程集·河南程氏遗书》卷三，第67页。

③ 〔北宋〕程颢、程颐：《二程集·河南程氏遗书》卷十五，第162页。

④ 〔南宋〕朱熹：《朱熹集》卷四十五，第2147页。

以阴阳者”；二是不再局限于从宇宙生成论角度立论，而是从价值本体论高度证明。作为非对象性存在的天理，其自身之善天然具有“元”的特性：“善便有一个元底意思。”天理之善是“元善”,“元善”之善属于至善，“元善”不是与恶对立的善，而是超越了善恶对立的善。天地万物“无独必有对”，皆是对象性存在。但是，天理是“独”,“独”也就是“元”，“元者物之先也。物之先，未有不善者”①。如果说“未有不善”还属于正言反说，以否定句形式表述天理至善（元善）的正面含义，那么以下师生之间的问答已跨越伦理学高度，直接从本体论视域讨论天理何以至善：“或曰：‘《大学》在止于至善，敢问何谓至善?’子曰：‘理义精微，不可得而名言也，姑以至善目之，默识可也。’”②《大学》中的“止于至善”还只是道德学说层面的概念，与生命理想境界相牵连。但是，二程于此所回答的显然已不是道德学说意义上的“至善”，而是本体世界层面的“至善”。天理至善不可以概念、范畴界定，也不可以语言文字表述与界说，只可以“目之”与“默识”。或许这正是东西方旧形而上学共同面临的一道哲学之“坎”，所以康德会为人类理性划定一范围。人类虽不能认识与证明，但可以信仰。信仰虽不能证明，但可以相信。“目之”与“默识”，既有求诸普遍证明的特点，也蕴含直观体悟与信仰的成分。也正是在这一意义上，天理至善（元善）也是“命”。“理也，性也，命也，三者未尝有异。穷理则尽性，尽性则知天命矣。”③ 理是“命”，天理元

① 〔北宋〕程颢、程颐：《二程集·河南程氏粹言》卷二，第1268页。
② 〔北宋〕程颢、程颐：《二程集·河南程氏粹言》卷一，第1208页。
③ 〔北宋〕程颢、程颐：《二程集·河南程氏遗书》卷二十一下，第274页。

善也是“命”，这是程朱哲学上接孟子思想的一大命题。此处之“命”，蕴涵两层义旨：

其一，命意味着普遍性、平等性。“人之于性，犹器之受光于日，日本不动之物。”① “犬、牛、人，知所去就，其性本同，但限于形，故不可更。如隙中日光，方圆不移，其光一也。”② 天、理、性、命在朱熹哲学体系中，环环相扣、相互说明。“问：‘天与命，性与理，四者之别：天则就其自然者言之，命则就其流行而赋于物者言之，性则就其全体而万物所得以为生者言之，理则就其事事物物各有其则者言之。到得合而言之，则天即理也，命即性也，性即理也，是如此否？’曰：‘然’。”③ 分而言之，各各不同，在天为命，理落实于人心为性，已发为情。因此，命强调的是天理“流行”。儒家自孔子“仁者安仁”、孟子“四端之心”肇始，就开启了人性平等之先河。程颐、朱熹起而踵之，从天理高度论证人性源出于天理，因此天地万物和人类皆在性理层面存有共同的性，“‘天命之谓性’，此言性之理也”④。自尧舜以至平民百姓，皆本来就具有共同的性理，皆拥有生命的尊严，皆具备内在自我超越的道德生命。

其二，“命”意味着无条件性、绝对性。“天之赋与谓之命，禀之在我谓之性，见于事业谓之理。”⑤ “在天曰命，在人曰性。”⑥ “天所赋为命，物所受为性。”⑦ 程颐、朱熹用性沟通天

---

① 〔北宋〕程颢、程颐：《二程集·河南程氏遗书》卷三，第67页。
② 〔北宋〕程颢、程颐：《二程集·河南程氏遗书》卷二十四，第312页。
③ 〔南宋〕黎靖德编：《朱子语类》卷五，第82页。
④ 〔北宋〕程颢、程颐：《二程集·河南程氏遗书》卷二十四，第313页。
⑤ 〔明〕黄宗羲：《宋元学案》卷十五，中华书局1986年版，第630页。
⑥ 〔北宋〕程颢、程颐：《二程集·河南程氏文集》卷九，第606页。
⑦ 〔南宋〕黎靖德编：《朱子语类》卷五，第82页。

人，贯通形而上、形而下。在性理意义上，性源自天理，所以又称之为性命。性命观念表明：作为“天之赋与”的性命，在本体层面与天理无二，只是在实践理性领域有本与用的区分。天理与性理恒常自存而遍在，先天地而独立，即使天地山河塌陷，理、性、命仍然“颠扑不破”。天理至善是一个定言命令，理善不与恶对，善是超越性的、独立的、固有的、先在性的“元善”。

程朱道德形上学中证明天理至善是极其必要的，因为天理至善的无条件存在，“性善”“仁善”等观念的存在才获得存在的正当性。天理至善是一个事实判断，而且这一事实判断又可以自动转换为价值判断。天理至善，在整个程朱理学体系中，无疑起着一个十分重要的“拱心石”的作用。

三、“仁、义、礼、智便是天理之件数”：仁是人的自然权利

二程朱子矻矻论证天理至善，并非其最终哲学目的。他们的最高哲学努力在于：从天理本体高度证明仁义礼智信存在的正当性。为何必须从天理本体的高度论说仁义？而不是从道德论视域论述仁义？其中的奥秘就在于：如果仅仅从道德论视域入手谈仁义礼智信，建构的只是道德学说，而不是伦理学说。只有从形而上的天理本体论说仁义礼智信，伦理学说才得以成立。

具体而论，“仁”是儒家最具代表性的观念。孔子之仁，是“爱无差等”与“爱有差等”的辩证统一。在哲学性质上，“仁者爱人”是人类普遍之爱，对陌生人社会有所涉及与设计。在

工夫论层面，孔子儒家讲究一个“推”字，由家到国，推己及人。“立爱自亲始”，由孝亲之情向外无限扩充，从亲亲到仁民，从仁民到爱物。孟子的“爱物”，冯友兰称之为“天地境界”。此外，尤其可贵的是，孔子“仁者安仁”把仁学推向了前无古人的思想高度。“安仁”就是“乐仁”，以仁为安，就是以仁为乐。仁者安仁，意味着仁与人性有涉。仁不单纯只是外在强加给我的人伦规范，而且也是我内在先验性的天赋。徐复观先生将孔子人性论概括为“人性仁”，恰如醍醐灌顶，使人有“电然”（梁启超语）之感。牟宗三先生也说：孔子之“仁即是性，即是天道”[①]。远在孟子之前，孔子就已经不再是就道德谈道德，而是有所超越，开始从人性论高度论证仁存在正当性，这是儒家仁学一大特点。董仲舒进而从宇宙论视阈论证仁与宇宙本原的关系，“阳气仁”，“仁，天心”。仁是气本原之德性，德性本体论已初步建立。在周濂溪的太极图式中，无极太极是本体，诚是本体之德，诚是纯粹至善。二程起而踵之，从本体论而非道德论高度证明天理与仁的内在关系。“学者须先识仁。仁者，浑然与物同体。义、礼、知、信皆仁也。识得此理，以诚敬存之而已，不须防检，不须穷索。”[②] 二程哲学中的“仁”，犹如周濂溪哲学思想中之“诚”。诚是太极之德，贯通天人上下。仁是“理之性”之德，遍在于人和天地万物。朱子承二程之余绪，进一步从天理哲学论说仁，“须知天理只是仁、义、礼、智之总

① 牟宗三：《名家与荀子》，吉林出版集团有限责任公司2010年版，第135页。反求诸己，体悟自性先验性存有仁心仁德，人性天生有善，无需外假，人生之幸福莫过于此。也正是在这一意义上，君子可以“安仁”“乐道”。徐复观先生将孔子人性学说高度概括为“人性仁”，也正是基于这一材料有感而发。

② 〔北宋〕程颢、程颐：《二程集·河南程氏遗书》卷二十二上，第16～17页。

名，仁、义、礼、智便是天理之件数。”[①]

综括其成，程朱为何从理本论哲学高度论说“仁”？除了前面已经提及的在于从形而上的高度建构伦理学说之外，还有一层哲学上的目的，即在于证明：仁是人人先天赋有的自然权利。在学术史上，无论是“性即理”、“性只是理”、“天地之心”、“仁包四德”、“自然本有之理”、仁性爱情，抑或朱子晚年弟子陈淳所言仁是“天理自然流行”，如果我们进一步深入思考，我们不难发现：二程、朱子等人所力图表达的一个观点为：“仁”属于人的自然权利。仁是自然权利这一观念，包含三个相连贯的命题：

其一，仁作为自然权利，是天理“自然本有之理”[②]。仁是天理的自然规定，不假外求，内在先验自足。孟子称之为“天爵”，其具体内涵是仁义礼智“四德”。既然仁义礼智出于天，孟子进而认为“人人有贵于己者”[③]。“贵”有“良贵”与“非良贵”之别，公卿大夫是“非良贵”，仁义礼智是“良贵”，“良者，本然之善也”[④]。本然之善的仁义礼智，人人皆备，所以孟子说“饱乎仁义”[⑤]。仁义之“饱”，不是后天父母、师长“喂饱”的，而是人人先天自然而然“饱”。理解了“饱乎仁义”，方能读懂“万物皆备于我”。二程朱子先后从天理本体维度证明仁义源自天理，这是一个事实判断。与此同时，二程朱子认为，仁义出自天理这一真理，又可以自动转换为价值判断。

① 〔南宋〕朱熹：《朱熹集·答何叔京》，第1885页。

② 〔南宋〕朱熹：《朱熹集·又论仁说》，第1398页。

③ 〔南宋〕朱熹：《四书章句集注·孟子集注》，浙江古籍出版社2012年版，第290页。

④ 〔南宋〕朱熹：《四书章句集注·孟子集注》，第290页。

⑤ 〔南宋〕朱熹：《四书章句集注·孟子集注》，第290页。

程颐、朱熹皆认为性是天理在人的实现，“性者，浑然天理而已”①。性有“理之性”和“气质之性”之分，“理之性”先验蕴涵“健顺五常之德”。仁义礼智信忠孝廉耻都是性之固有内涵。“须知天理只是仁、义、礼、智之总名，仁、义、礼、智便是天理之件数。”天理与仁义礼智信“五常”的关系不是本体与派生物之间的关系，而是本体与属性之间的关系。在五常之中，仁的地位最高，仁是“体”或“全体”，义、礼、智是“支”：“仁者，全体；四者，四支。”②仁是集合概念，义、礼、智、信、忠、孝、廉、耻等是仁之精神在各种社会关系中的自然流行发用。“学者须先识仁。”③程朱哲学中之“仁”，犹如周敦颐哲学思想中之“诚”。诚是太极之德，贯通天人上下。仁作为“天理”之德，“不是待人旋安排”④，而是显现为“一个浑然温和之气”⑤，作为一个亘古不移的价值判断，自然发用流行于人的经验世界中。

朱子晚年著名弟子陈淳起而踵之，在朱子仁是天理“自然本有之理”基础上，进而提出仁是“天理自然流行”⑥。当年曾子以“忠恕”概括孔子一贯之道，忠是内在的尽己之心，是对自己的道德要求；恕是对待他人的道德态度，恕是由未发转向已发过程中的价值判断与选择，既有价值之心的因素，也包含

---

① 〔南宋〕黎靖德编：《朱子语类》卷九十五，第2427页。

② 〔北宋〕程颢、程颐：《二程集·河南程氏遗书》卷二上，第14页。

③ 〔北宋〕程颢、程颐：《二程集·河南程氏遗书》卷二十二上，第16～17页。

④ 〔南宋〕黎靖德编：《朱子语类》卷六，第111页。

⑤ 〔南宋〕黎靖德编：《朱子语类》卷六，第111页。

⑥ 〔南宋〕陈淳：《北溪字义》卷下《严陵讲义》，中华书局1983年版，第75页。

外在的礼仪节文。忠与恕相合，就是仁。陈淳撰有《一贯》一文，“一”是天理本体，“自其浑沦一理而言，万理莫不森然具备”[①]。“贯”是体用之用，指谓“一理流出去”，贯行到天地万事万物。按照二程朱子的思维逻辑，天理在天为命，在人为性，性中仁包四德。陈淳这里所说的“一贯”之贯，就是仁。仁从“一理流出去”，在父为慈，在子为孝，在夫妻为别，在朋友为信，在君臣为义。甚至视之明，听之聪，色之温，貌之恭，动容周旋之礼，都是仁“从这大本中流出见于用”[②]。大至参天地之化育，小到日常洒扫应对、挑水劈柴，都是仁的体现与应用，“无非此一大本流行贯串”[③]。陈淳特意提及孔子待师长之道，以论证“一贯”之理。一位名叫冕的盲人乐师曾来拜访孔子，孔子亲自出门迎接，走到阶沿，孔子细心提醒他“小心台阶”。走到座席旁，孔子又提醒他座席的位置。待主客坐下后，孔子一一介绍：“某在斯，某在斯。”师冕告辞后，弟子子张问“与师言之道与?”问孔子这是否就是尊重盲人的礼仪，孔子回答“然，固相师之道也”，指出这就是尊敬师长之礼仪。生活礼仪的深处，可以感悟价值本体之仁的存在。韩愈尝言：“道之所存，师之所存也。”师是道的承载者、弘扬者，而道则是师存在的理由与精神归宿，师与道合一。

其二，仁义礼智信作为人先验的自然权利，具有普遍性。人人拥有自然权利的唯一理由就是他们都是人。人的自然本质“天生注定”人人享有基本的权利和实现这些自然权利的自由。

---

① 〔南宋〕陈淳：《北溪字义》卷上《一贯》，第31页。

② 〔南宋〕陈淳：《北溪字义》卷上《一贯》，第31页。

③ 〔南宋〕陈淳：《北溪字义》卷上《一贯》，第31页。

无论是贵戚之胄，还是贩夫走卒，人人都有仁性。犹如“月印万川”，月光播撒每一寸山河大地。

孟子认为“人皆有仁义之心”[①]，所以“人皆可以为尧舜”。人人都有成为尧舜的心性与道德基础，就在于人人皆有此“心”。顺心而“为”，犹如“掘井”。半途而废，“犹为弃井”。汉代董仲舒从宇宙论高度证明：天抚育万物、泛爱群生、谦退自让、周而复始、诚而有信，天有“仁”之德。“仁，天心也。”[②] 人“受命于天”，所以“取仁于天而仁也”[③]。人之血气是先天的存有，“化天志而仁”[④]，血气化天志，显现为仁德。因此人之仁德源自天，落实于人心，具体体现为“父兄子弟之亲，有忠信慈惠之心，有礼义廉让之行，有是非逆顺之治”[⑤]。仁是上位概念，已可统摄忠、信、慈、惠、礼、义、廉、让诸德目。

程伊川从“性即理”出发，进而认为：“人之初生，受天地之中，禀五行之秀，方其禀受之初，仁固已存乎其中。及其既生也，幼而无不知爱其亲，长而无不知敬其兄，而仁之用于是见乎外。”[⑥] 既然仁是“固已存乎其中”，仁就属于全人类，而不是仅仅属于某一社会阶层。正因为仁具有普遍性，才能成为一种天然而普遍的自然权利。在这一自然权利与道德基础之上，圣人境界才得以可能臻至。其后朱熹进一步推导：既然“天下

---

① 〔清〕焦循：《孟子正义·告子章句下》（诸子集成本），中华书局2006年版，第477页。

② 〔西汉〕董仲舒撰，曾振宇、傅永聚注：《春秋繁露·俞序》，商务印书馆2010年版，第113页。

③ 〔西汉〕董仲舒：《春秋繁露·王道通三》，第235页。

④ 〔西汉〕董仲舒：《春秋繁露·为人者天》，第223页。

⑤ 〔西汉〕董仲舒：《春秋繁露新注·王道通三》，第235~236页。

⑥ 〔北宋〕程颢、程颐：《二程集·河南程氏遗书》卷二十三，第310页。

无性外之物”[①]，既然天地万物都先在性禀具仁义礼智信“五常”之德，那么，至少在逻辑上承认天地万物甚至禽兽也禀受了“五常”成为无法回避之问题。对于这一问题，朱熹作了如下回答：“问：‘性具仁义礼智？’曰：‘此犹是说“成之者性”。上面更有“一阴一阳”，“继之者善”。只一阴一阳之道，未知做人做物，已具是四者。虽寻常昆虫之类皆有之，只偏而不全，浊气间隔。’”[②]“问：‘虎狼之父子，蜂蚁之君臣，豺獭之报本，雎鸠之有别，物虽得其一偏，然彻头彻尾得义理之正。人合下具此天命之全体，乃为物欲、气禀所昏，反不能如物之能通其一处而全尽，何也？’曰：‘物只有这一处通，便却专。人却事事理会得些，便却泛泛，所以易昏。’”[③] 既然“人物之性一源”，当然禽兽也具“五常”之德。人兽之别仅仅在于：人能禀受“五常”之全体，禽兽由于气禀有别，只能得“五常”之偏：“气相近，如知寒暖，识饥饱，好生恶死，趋利避害，人与物都一般。理不同。如蜂蚁之君臣，只是他义上有一点子明。虎狼之父子，只是仁上有一点子明，其他更推不去。恰似镜子，其他处都暗了，中间只有一两点子光。”[④] 朱熹将“性”比喻为日光，人性得“性”之全和形气之“正”，受日光大；物性得“性”之偏，受日光小，因而只“有一点子明”。“性如日光，人物所受之不同，如隙窍之受光有大小也。”[⑤] 当年孟子明确指出，人与禽兽的“几希”之别，就在于人先天赋有仁义礼智道

① 〔南宋〕黎靖德编：《朱子语类》卷四，第56页。
② 〔南宋〕黎靖德编：《朱子语类》卷四，第56页。
③ 〔南宋〕黎靖德编：《朱子语类》卷四，第60页。
④ 〔南宋〕黎靖德编：《朱子语类》卷四，第57页。
⑤ 〔南宋〕黎靖德编：《朱子语类》卷四，第58页。

德本质，禽兽是绝对没有的。程朱的天理既是人类共同体的道德根基，也是人类与宇宙万物的“共同善”。既然如此，就必须承认虎狼有“仁”，蜂蚁有“义”，尽管只“有一点子明”，但毕竟还“有一两点子光”。

其三，仁作为自然权利，与人的本性密不可分。但是，人必须借助理性对这一自然权利进行认识。

霍布斯说：“著作家们一般称之为自然权利的，就是每一个人按照自己所愿意的方式运用自己的力量，保全自己的天性——也就是保全自己的生命——的自由。因此，这种自由就是用他自己的判断和理性认为最适合的手段去做任何事情的自由。”① 霍布斯于此指出自然权利有两大特点：一是自然权利是自由的基本内容；二是自然权利来源于人的天性。朱子指出仁作为“爱之理”，是天理“自然本有之理”②。后生弟子首先在认识论上需“识仁之名义”，认识到仁为“自然本有之理”是千古不易的真理。其次，在工夫论与境界论上，后生弟子“知其用力之方”③。陈淳第一次拜见朱子时，朱子就谆谆教诲陈淳做学问需从“根原”处下手。换言之，思考问题需打破就道德论道德的藩篱，应上升到形而上的本体论层面探究事物的根原。因为方其如此，以仁义为核心的伦理学说才能挺立。陈淳撰有《孝本原》一文，专门探究“人为何行孝？”“为人子止于孝，近因读‘事父母几谏’至‘父母之年不可不知’等章，极索玩味，似略见根原确定处，未知是否，试一言之。夫人子于父母，其所

① 〔英〕霍布斯著，黎思复、黎廷弼译：《利维坦》，商务印书馆 1985 年版，第 97 页。

② 〔南宋〕朱熹：《朱熹集·又论仁说》，第 1398 页。

③ 〔南宋〕朱熹：《朱熹集·又论仁说》，第 1394 页。

以拳拳竭尽如此，笃切而不敢缓，极致而不敢少谦者，是果何而为如此也?”[①] 孝源自父母的恳切教导吗?孝源自对父母责骂的畏惧吗?孝源自父母对我的殷切期望吗?孝源自圣人制定的道德教条吗?孝源自对神明的敬畏吗?孝源自对乡党、友朋讥讽的反省吗?人降生于世，绝不可能“天降而地出”，也不可能像孙悟空那样，裂石而出。怀胎十月而出，不是父母的“安排计置”，而是“为天所命，自然而然”。所谓“自然而然”，意味着人的出生是天道自然而然，“人道之所不能无俯仰戴履”[②]。人道因循天道，人禀阴阳二气而有此身，又禀天理而有此性。人生天地间，“岂能出乎天理之外哉?”[③] 人性中的仁作为“理之性”核心，并不是后天教化所形成，而是先天的禀赋。但是，人只有从哲学高度思考，才能梳理天理与仁的关系。仁源自天理，作为普遍性、绝对性的自然权利和道德自律赋予人类。正因为如此，既然人生于世，无法一日而游离出天理之外，“决不可空负人子之名于斯世，决然在所当孝，而决不容于不孝”[④]。当年程子增字解经，将孝悌训读为“行仁之本”而非“仁之本”，目的就在于从天理本体层面证明：仁作为天理之性，是孝存在正当性的形而上依据。陈淳的《孝本原》在问题意识与观点上，对程朱的观点作了更加详细的阐释。

仁是“自然本有之理”、“天理自然流行”、仁作为自然权利人人皆有、仁内在于人性，仁作为自然权利所具有的这三大

---

① 〔南宋〕陈淳：《孝根原》，见曾枣庄、刘琳主编：《全宋文》卷六七二六，上海辞书出版社、安徽教育出版社 2006 年版，第 211 页。

② 〔南宋〕陈淳：《孝根原》，第 211 页。

③ 〔南宋〕陈淳：《孝根原》，第 211 页。

④ 〔南宋〕陈淳：《孝根原》，第 211 页。

规定，陈淳用理有“能然”“必然”“当然”和“自然”加以融会贯通：

其一，“理有能然”①。乍见孺子入井，触动恻隐之心。恻隐是情感，是气，恻隐之心何以能够发生？是因为恻隐情感的背后有仁性驱使，仁是人性先验的存有，仁不是人建构出来的，也不是人理性的产物。仁是人发现的人性奥秘，犹如阿里巴巴喊着“芝麻开门”走进神秘山洞发现了奇特宝藏。正因为人先天具有仁性，所以在“乍见”情景之下，会自然而然引发恻隐之心。

其二，“理有必然”。乍见孺子入井，必然会引发恻隐之心，施以援手。

人不是槁木死灰，人心是活泼泼的，活泼泼的人心见孺子入井，必然触动内在的恻隐之心。“虽欲忍之，而其中惕然自有所不能以已也。”② 即使出于后天某种功利性考量忍住不上前抢救孺子，但是，基于内在仁性之上恻隐之心“不容已”。恻隐之心犹如地下泉水，生生不息，喷涌不止。即使有人出于某种利益上的欲求强行压制，但泉水一如既往“不容已”。

其三，“理有当然”。乍见孺子入井，触动恻隐之心，不假思索上前营救，这是天理之“当然”。人与禽兽的区别就在于有“不容已”之天理良心，“当然”就是人类特有的价值判断与价值选择，一旦违背“当然”，就是“悖天理而非人类”③。具体而论，“当然”又可细分为两类：一是以义裁断，在“合做底事

---

① 〔南宋〕陈淳：《理有能然必然当然自然》，见曾枣庄、刘琳主编：《全宋文》卷六七二七，第229页。

② 〔南宋〕陈淳：《理有能然必然当然自然》，第229页。

③ 〔南宋〕陈淳：《理有能然必然当然自然》，第229页。

上直言其大义如此[1]”。譬如，孺子入井应当恻隐，为父应当慈，为子应当孝，为君应当仁，为臣应当义，凡是都以“义”作裁断，“惟其义尽，所以仁至”。二是以智立身处世，事事“捡别其是是非非”[2]。视其所当视，听其所当听。是非善恶辨别清楚，“则得其正而为理”[3]。

其四，“理有自然”。乍见孺子入井，触动恻隐之心，奋勇上前营救，属于“天理之直流行，发见自然而然，非有一毫人伪预乎其间”[4]。乍见孺子入井，我们可以说是“触动”“引发”了恻隐之心，但不可以说“滋生”了恻隐之心。见到或者没有见到孺子入井，恻隐之心本来就存在于我心，“乍见”引发了我先天固有的恻隐而已。“乍见”不是见到孺子入井，马上立一个“心”去盘算、计较是否去上前营救，而是“乍见”与恻隐之心同一时间闪现。这种闪现，犹如大自然电闪雷鸣。“乍见”与恻隐之心，在时间上完全同步，不分先后。在学术史上，王夫之曾经对孟子关于恻隐之心的观点提出质疑：“且如乍见孺子将入于井，便有怵惕恻隐之心，及到少间，闻知此孺子之父母却与我有不共戴天之仇，则救之为逆，不救为顺，即此岂不须商量?”[5] 应该说，王夫子没有读懂孟子的“恻隐之心”，他的这一反驳失之偏颇。如果因不共戴天之仇而弃孺子入井于不顾，这已经是由后天的功利性利益支配其行为。但是，孟子力图要证明的是：人之仁义礼智“四心”，超越后天人文教化与知识。

① 〔南宋〕陈淳：《理有能然必然当然自然》，第229页。
② 〔南宋〕陈淳：《理有能然必然当然自然》，第229页。
③ 〔南宋〕陈淳：《理有能然必然当然自然》，第230页。
④ 〔南宋〕陈淳：《理有能然必然当然自然》，第230页
⑤ 〔明〕王夫之：《读四书大全说》卷八，见《船山全书》，岳麓书社1996年版，第943页。

不是“乍见孺子将入于井”会“滋生”出我的恻隐之心，而是恻隐之心本来就存在于我心，孺子入井只不过是触动、引发了我内在的恻隐之心而已。“稍涉安排商量，便非本心。”① 恻隐之心属于“本心”，不是后天“安排商量”产生的，而是不假思索的“天理之直流行”。

四、结语

天理本体无方所、无时间，天理不是对象化的存在，天理这一概念甚至“不可定义”。天理借助气进入时间，由此而论，也可以说天理从来就没有游离人的历史。天理是宇宙生命共同体的道德根基，是人类命运共同体的“共同善”。至善天理的普遍存在，在天地自然“生生之德”和有限的生命个体经验世界中，皆可以得到证明与彰显。至善的天理作为“共同善”，属于绝对性的“命”。天理至善是一个事实判断，而且这一事实判断又可以自动转换为价值判断。

尤其值得深思的是，程朱学派之所以从天理高度说仁，有两重思考与设计：其一，从形而上的天理本体论维度论证仁义，目的在于建构以仁义为核心的伦理学说。如果仅仅就道德论道德，仁义诚信忠孝廉耻等价值观就缺失一个哲学的根基，仁义也就“下坠”为一种道德学说而已。形而上的哲学论证，意味着仁义不仅是伦理学说，还具有普世性和绝对性；其二，程朱从天理高度说仁，在于证明仁是人类自然权利。仁作为先天的人类自然权利，是天理“自然本有之理”，属于“天理自然流

---

① 〔明〕王夫之：《读四书大全说》卷八，第 943 页。

行”，不假外求，内在先验自足。人拥有自然权利的唯一理由就是他们是人，人的自然本质决定了人虽然是有限的个体，但先在性赋有这一权利与自由。由此而来，仁既然是自然权利，违反自然权利就是违背天理。人的自然权利不是社会制度与法律发明出来的，自然权利先于人世间的法律与社会制度。社会制度与法律作为人类让渡其自然权利而产生的社会契约性存在，其存在的合法性就在于运用公权力确认与保卫这些自然权利。在西方历史与文明史上，自然权利的理论可以上溯至古希腊时代的哲学家们。启蒙运动之后，继而从自然权利中衍生出财产权、法律权、选举权等权利与自由。在中国思想史传统中，对自然权利的思考与叙述，有着自身独特的问题意识与叙事模式，还有待于我们深入挖掘与系统整理。

近代以来中国大学校训与儒家价值观念的传承延续

翟奎凤　山东大学

儒学在一定意义上就是教育学、育人之学、成人之学、大人之学，因此儒学与教育特别是高等教育关系非常密切。校训反映一个学校的办学宗旨和精神追求，也包含人才培养的全方位要求，其背后往往也反映一种文化理念和价值选择。在近现代中国，儒学与中华文化遭到强烈反思批判，但是很多著名大学的校训依然采用或化用儒家经典中先圣先贤的格言名句。1949 以后，大学校训同质性、重复性、口号性现象很严重。1990 年代以来，很多大学又纷纷恢复早期的古典校训，一些新兴大学也再次回到儒家经典世界来找寻、凝练、创造自己的新校训。这些体现儒家精神的校训反映了儒家文化顽强的生命力，同时由于儒家在近现代饱受攻击与非难，能成为校训的这些儒家格言名句，也代表了儒家文化中那些能够跨越时空、富有永恒魅力的价值追求。因此，这些校训可以帮助我们认识儒家文化生生不息的核心精神和活的灵魂。这些富有儒家修身信念的大学校训对一代代学子的人生观、价值观产生了潜移默化的深远影响。

儒学与清末民初的大学校训

晚清高等教育的兴办，与洋务运动有着密切关联，洋务运动奉行“中学为体，西学为用”的理念，中学主要指儒家的伦理道德，其代表性人物如曾国藩、李鸿章、张之洞、左宗棠等可以说都是儒学的信奉者和践行者，其中，张之洞对近代高等教育产生的影响尤为重要。1902 年，张之洞、魏光焘等人创办三江师范学堂；1906 年，更名为两江师范学堂（南京大学、东南大学等高校前身），李瑞清主持学堂，他以“嚼得菜根，做得大事”为校训，勉励学生以清苦自励，专心学问，成就大事。这句话的典故，可追溯到北宋汪革（信民），朱熹《小学》曰：“汪信民尝言‘人常咬得菜根，则百事可做’，胡康侯闻之，击节叹赏。”① 胡康侯即北宋大儒胡安国，朱熹也曾说：“某观今人因不能咬菜根而至于违其本心者众矣，可不戒哉。”② 本心可谓善心良知，不能咬菜根，就是过不了清苦淡泊的生活，这个校训大旨即“宁静致远，淡泊明志”之义。李鸿章的幕僚盛宣怀于 1895 年创办的北洋大学（天津大学前身）被誉为中国近代第一所现代大学。1914 年，赵天麟接任北洋大学校长，他总结了北洋大学近 20 年的办学经验，用“实事求是”予以概括，并以此作为校训。“实事求是”出自班固《汉书・景十三王传》：“河间献王德，以孝景前二年立，修学好古，实事求是”；唐代

---

① 〔南宋〕朱熹：《小学》卷十一，见朱杰人、严佐之、刘永翔主编《朱子全书》，第 13 册，上海古籍出版社、安徽教育出版社 2002 年版，第 484 页。

② 〔南宋〕黎靖德编，杨绳其、周娴君校点：《朱子语类》卷十三，岳麓书社 1997 年版，第 215 页。

大儒颜师古注曰："务得事实，每求真是也。"① 可见，"实事求是"是儒家学习、教育和实践理念的体现。1896 年，盛宣怀还创办了南洋公学（上海交通大学前身），1907 至 1920 年，著名国学大师唐文治掌校，1910 年他提出"勤俭敬信"的校训。唐文治推重曾国藩的学问，自称私淑之；曾国藩在书信中，多以"勤俭敬信"教导亲朋②，可见此校训的提出当是受到曾国藩的影响。1909 年唐文治在《学校培养人才论》一文也强调"培养之道，宜加意者，在讲明道德，本身以作则"；并说"道德，基础也，科学，屋宇垣墉也"③，可见唐文治重视德育修身在人才培养中的重要性，这体现了儒家教育的基本理念，也是洋务派"中体西用"思想的展现。

清华大学校训也体现了浓厚的儒学与中华文化精神，其最初制定于 1911 年的《清华学堂章程》第一章"总则"第二条就明确说"本学堂以进德修业、自强不息为教育之方针"④。"进德修业"见《周易·乾·文言传》九三"君子进德修业，忠信，所以进德也，修辞立其诚，所以居业也"，九四"君子进德修业，欲及时也，故无咎"；"自强不息"为乾卦的大象辞。可见早在清华学堂时期清华大学的教育理念就与《周易》关系极为密切。1914 年 11 月 5 日，周诒春任清华学校校长时，著名国

---

① 〔东汉〕班固：《汉书》卷五十三，上海古籍出版社 2003 年版，第 1692 页。

② 如同治六年（1867）《复王镇墉》说："甥在京寓居何处？择交果能得益友否？'勤俭敬信'四字，刻刻宜自循省，进德修业，皆以此四字为体，慎择交游为用。"见〔清〕曾国藩撰：《曾国藩全集·书信》，岳麓书社 2011 年版，第 203 页。

③ 刘露茜、王桐荪编注：《唐文治教育文选》，西安交通大学出版社 1995 年版，第 29 页。

④ 清华大学校史研究室编：《清华大学史料选稿》卷一，清华大学出版社 1991 年版，第 152 页。

学大师、儒学大家梁启超受邀到清华演讲，他以《君子》为题，借用《周易》“乾”“坤”两卦大象辞“天行健，君子以自强不息”；“地势坤，君子以厚德载物”激励清华学子养成君子人格，奋发图强，梁启超说“乾象言君子自励，犹天之运行不息，不得有一曝十寒之弊……且学者立志，尤须坚忍强毅，虽遇颠沛流离，不屈不挠，若或见利而进，知难而退，非大有为之事，何足取焉”；“坤象言君子接物，度量宽厚，犹大地之博，无所不载，君子责己甚厚，责人甚轻”。[①] 梁启超的演讲深深打动了清华师生，周诒春校长决定把“自强不息，厚德载物”作为清华校训。

1914 年，两江优级师范学堂改名为南京高等师范学校。江谦、郭秉文先后出任校长。江谦为著名儒商张謇的弟子，他继承李瑞清的办学思想，明确校训为“诚”，其作词的校歌第一句即“大哉一诚天下动”。江谦在 1915 年 8 月《关于南京高等师范学校开办状况报告书》中提出：“本校校训所用诚字，诚者自成，所以成物；先圣至言，实为教育精神之根本。演言之，诚则有信心，有信力。有信心，乃知非教育不足以救国；有信力，乃知非实行教育不足以救国。期望学生以信心为体，以信力为用，此本校训育之主旨也。”[②] 江谦是徽州婺源（今江西婺源）人，曾在家乡紫阳书院读书，后受业于南京文正书院，为山长张謇赏识。张謇为一代儒商，其实业救国的理念浸润着儒家的爱国信念，江谦一生与张謇都很默契，他们亦师亦友，都有着

① 清华大学校史研究室编：《清华大学史料选稿》卷一，第 260 ~ 261 页。

② 《南大百年实录》编辑组编：《南大百年实录·上卷·中央大学史料选》，南京大学出版社 2002 年版，第 45 页。

强烈的儒家救世救民的价值情怀。

晚清民初，在空前民族生存危机下，各种思潮激荡，陈旧僵化、体制化的儒家已不能适应社会新形势新变化，面临着前所未有的大挑战。先是1905年科举制度被废除，继而1912年民国政府成立后，蔡元培主政教育部，宣布废除尊孔读经。在政治和社会的主流体系中，儒家逐步遭到全面驱除。然而，即便在这一历史背景下成长起来的高等教育，“实事求是”“勤俭敬信”“自强不息、厚德载物”等大学校训仍然突显了儒家价值富有永恒魅力的一面。同时，“诚”字也很受重视，1916年，民国教育部还“以诚字为全国师范学校共同之校训”①，以诚字为训，是民国乃至当代很多大学校训的重要理念。

儒学与北洋政府及新文化运动前后的大学校训

1905年废科举制，1912年教育系统废尊孔读经，然而北洋政府时期的主政者为了维护统治往往强调尊孔读经，这激起了社会的强烈反弹，于是1915年兴起、1919年“五四运动”达到高潮的新文化运动试图在思想文化和伦理生活层面全面解构儒家对社会的影响。但是无论怎样风云变幻，这一时期一些著名大学的校训依然以儒家经典为依归。

1905年，马相伯创办复旦公学，校名本身就取自一般认为是伏胜所作《尚书大传·虞夏传》“卿云烂兮，纠缦缦兮；日月

① 《教育部采录全国师范校长会议案八条》，见中国第二历史档案馆编《中华民国史档案资料汇编》第3辑，江苏古籍出版社1991年版，第703页。

光华，旦复旦兮”[①]，本义是追求光明，寓含日月生辉、复兴中华之意。1915 年，复旦建校十周年之际，时任校长李登辉主持校训制定工作，经与马相伯及众多师生讨论，最后确定以“博学而笃志，切问而近思”作为校训。这句古话出自《论语·子张篇》“子夏曰‘博学而笃志，切问而近思，仁在其中矣’”，这与《中庸》“博学之、审问之、慎思之、明辨之、笃行之”可以相互发挥，都包含了儒家广学、好学、善思以及融会贯通、下学上达、一以贯之、志通大道的学习精神。实际上，马相伯、李登辉信基督教，而且马相伯对孔子儒学也曾有过较为激烈的批评，但马相伯对中华文化很热爱，马相伯、李登辉在文化与教育理念上大体应该是一致的，这也反映了那个时代很多人可能对儒学在整体上有批评意见，但他们仍然相信儒家经典中一些格言名句还是有着跨时空的智慧和思想魅力，仍然可以为人们信奉，给人以启迪和教育。

1893 年，湖广总督、近代教育家张之洞奏请创办自强学堂（武汉大学前身），1913 年定名为国立武昌高等师范学校，校长为当时国内著名教育家张渲，他不仅重视教育改革与创新，而且丨分重视学校的文化建设和大学精神的凝练。1919 年 4 月，张渲校长在自主持制定校歌、校旗、校徽、校章的同时，还亲自制定并亲笔题写“朴诚勇”三字为校训[②]。1906 年，清政府在南京创立暨南学堂（暨南大学前身），“暨南”二字出自《尚书·禹贡》：“东渐于海，西被于流沙，朔南暨，声教讫于四

① 〔西汉〕伏胜：《尚书大传》卷一，见《丛书集成初编》，中华书局 1985 年版，第 28 页。

② 参考骆郁廷主编：《流风甚美：武汉大学文化研究》，武汉大学出版社 2013 年版，第 234 页。

海。”意即面向南洋，将中华文化远播到五洲四海。1918 年更名为暨南学校，不久确立校训“忠信笃敬”，此四字校训源于《论语·卫灵公》：孔子说“言忠信，行笃敬，虽蛮貊之邦行矣。言不忠信，行不笃敬，虽州里行乎哉?”校友郑文奎在《南京时期的暨南学堂》一文回忆：“校门‘暨南学校’及校训‘忠信笃敬’皆由清末状元张謇书定的。”南京与上海真如时期的《国立暨南大学校歌》中也包含校训内容：“言忠信，行笃敬，尚勉哉，先哲言，终身诵。”①

1918 年，爱国华侨陈嘉庚创办集美学校师范部（集美大学前身)，陈嘉庚、陈敬贤题“诚毅”二字为学校校训。1921 年，陈嘉庚创办厦门大学，学校成立之初，陈嘉庚就以《周易》“自强不息”作为学校的校训。陈嘉庚是一代儒商，1921 年 6 月，他聘请林文庆为厦门大学校长，认为“南洋数百万华侨中，而能通西方物质之科学，兼具中国文化之精神者，当首推林文庆博士”②。林文庆作为新加坡华侨，曾在英国读书学医，是一代名医，又是勇于开拓的企业家，但他对儒学与中华文化很热爱，著有《孔学大纲》（1914 年中华书局出版）阐发儒家学说。他从中西文化的比较中，体会到儒家学说的价值，于是在东南亚大力推广儒学，主张年轻一代的华侨应该正规地接受孔子的伦理价值观；他还积极参加南洋华侨社会的“孔教复兴运动”③，认为“把一个民族的一切传统凭空割除，而仍然希望它能够兴

① 转引自夏泉：《略论“忠信笃敬”的暨南校训精神》，载《凝聚暨南精神：暨南大学建校一百周年 1906—2006》，广东人民出版社 2006 年版，第 25 页。

② 陈嘉庚：《辟诬》，见《南洋商报》1924 年 6 月 16 日，转引自洪永宏《厦门大学校史：1921—1949》卷一，厦门大学出版社 1990 年版，第 63 页。

③ 参见《陈嘉庚、林文庆与厦门大学国学院》，载杨国桢《海涛集》，海洋出版社 2015 年版，第 131 页。

旺，这是不可能的，因为一个被切断历史和传统的民族，就好比一棵被砍断的树，势将枯萎和衰落”[①]。1921年担任厦大校长之后，林文庆“对于国学，提倡不遗余力”，他用《大学》“止于至善”四字作为厦大校训，以培养学生“人人为仁人君子”；学校经常组织尊孔、祭孔活动，孔子的生日被列为重要节日，全校放假，“以示恭祝”[②]。1924年，林文庆在厦门大学校庆三周年时发表尊孔演说：“当陈校董在南洋聘予回任校长时，予询以办学宗旨，陈校董答以当注重中国固有之文化，予是以欣然归国，予亦尊重中国固有之文化也。”[③] 1925年10月14日，他在校内演说中指出“孔教要义”足以留存后世者有“仁”“恕”“平天下”三项。他认为：“《人学》自‘正心’‘诚意’，以至于‘治国平天下’，乃孔子一贯之教义。近人许多政治家，无一有如此一贯之政治哲学。吾校校章‘止于至善’，亦取义于此。甚望诸君努力研究，能到此地步；尤望将孔子之道，益发昌明光大则幸甚。”[④] 1926年，厦大成立国学研究院，林文庆亲自兼任院长，他除了主持日常校务之外，还从事儒家伦理研究以及其他多方面的著述活动，在其校长任内，“厦大私立时期处处标榜儒家思想和中国固有文化，并以之跟当时新思潮互相抗衡”[⑤]。

---

① 《海峡华人杂志》1897年社论，转引自郑宏：《厦门大学文化的历史与解读》，厦门大学出版社2010年版，第191页。

② 参见中国社会科学院近代史研究所中华民国史组研究室编：《中华民国史资料丛稿·人物传记》第8辑，中华书局1980年版，第116页。

③ 载上海《民国日报》1924年4月14日，引自《厦大校史资料》第1辑，厦门大学出版社1987年版，第230页。

④ 林文庆：《孔子生诞日补记》，见《厦大周刊》1925年第124期。

⑤ 李元瑾：《东西文化的撞击与新华知识分子的三种回应：邱菽园、林文庆、宋旺相的比较研究》，新加坡国立大学中文系、八方文化企业公司联合出版2001年版，第252页。

1921年10月南京高师正式易名为国立东南大学，原南高师校长郭秉文出任东大校长，他把“止于至善”确立为校训。这与厦大确立“止于至善”为校训大致在同一时期，可谓英雄所见略同。张亚群认为“郭秉文与林文庆所学专业虽然不同，但都对中西方文化有深刻理解，认同中国传统的大学之道，倡导人类种族文化平等与和平发展，主张大学应促进中西文化的交流、融合。这些都是远见卓识的办学理念，具有恒久价值”①。郭秉文认为“《大学》里‘平天下’的‘平’字，乃是治学治事最好的座右铭”，“生平为人为事，终是本于平和二字。平乃能和，和乃能进”②。“平天下”是《大学》“八条目”之一，所谓“平”，并非武力征服，而是文化融合；“平天下”是“文治”与“王道”，而非“武功”与“霸道”③。可见，郭秉文的办学理念及价值认同与林文庆有着惊人呼应。在郭秉文、刘伯明的支持下，梅光迪、吴宓、胡先骕等东南学人以“昌明国粹，融化新知”为宗旨，创办《学衡》杂志，在思想文化界形成的一个文学复古、反对新文化运动的学衡派，学衡同仁“一方面重视传统，一方面强调理性态度与审慎选择，主张文化无分新旧中外，只问是否永久与普遍”④。

新文化运动前后，儒家遭到全面而严厉的批判，但总体上

---

① 张亚群：《“同归而殊途一致而百虑”——郭秉文与林文庆办学理念之比较》，《东南大学学报（哲学社会科学版）》2011年第6期。

② 张其昀：《郭师秉文的办学方针》，见《郭秉文先生纪念集》，中华学术院1971年印行，第3页。

③ 张亚群：《“同归而殊途一致而百虑”——郭秉文与林文庆办学理念之比较》。

④ 张亚群：《“同归而殊途一致而百虑”——郭秉文与林文庆办学理念之比较》。

看社会思潮的演变是复杂的，尽管这一时期反思、解构、批判传统是主流，但林文庆、郭秉文及学衡派坚定地守护、捍卫、传承着传统中能够永远放光的价值理性和追求——“止于至善”。尽管马相伯对儒家也有着严厉反省批判意识，但他并不一概反传统，仍然挚爱民族文化中洋溢出的能够跨越时代的真善美，因而他能够欣赏并以《论语》名言作为复旦校训。

儒学与南京国民政府及抗战前后的大学校训

孙中山晚年对儒学的价值有了更多的认同与体悟，这在三民主义的相关论述中有明显反映。在孙中山的影响下，南京国民政府对儒学的价值予以大力提倡，特别是在抗日战争时期，儒家刚毅顽强的精神品格和民族气节也给国人以很大鼓舞，以儒家为代表民族文化在这一时期也得到了发扬。

1924 年 11 月，孙中山为国立广东大学（中山大学前身）题写训词“博学、审问、慎思、明辨、笃行”，这句话出自《礼记·中庸》，后来成为中山大学校训。孙中山晚年对儒学着意甚多，1924 年 1 月 27 日至 3 月间，孙中山多次发表演讲，阐释他的三民主义。在《民族主义》第六讲（3 月 2 日）中，孙中山指出“穷本极源，我们现在要恢复民族的地位，除了大家联合起来做成一个国族团体以外，就要把固有的道德先恢复起来”，“讲到中国固有的道德，中国人至今不能忘记的，首是忠孝，次是仁爱，其次是信义，其次是和平”[1]，显然，忠孝、仁爱、信义、和平都是儒家的重要价值信念与追求。孙中山还推崇《大

---

① 孙中山：《三民主义》，东方出版社 2014 年版，第 64 页。

学》修齐治平的政治思想，认为“把一个人从内发扬到外，由一个人的内部做起，推到平天下为止。像这样精微开展的理论，无论外国甚么政治哲学家都没有见到，都没有说出”①。

1928年，国立武昌中山大学改建为国立武汉大学，学校创立初期就确定了“明诚弘毅”四字校训，“明诚”出自《中庸》“自诚明，谓之性；自明诚，谓之教。诚则明矣，明则诚矣”，“弘毅”出自《论语·泰伯篇》“曾子曰：士不可以不弘毅，任重而道远”。1932年，罗家伦被国民政府任命为国立中央大学校长，这年10月17日，罗家伦在“总理纪念周”发表了颇有影响的《中央大学的使命》就职演说，他认为中央大学的使命就是“为中国建立有机体的民族文化”，认为“一个民族要能自立图存，必须具备自己的民族义化，这种文化，乃是民族精神的结晶，和民族团结图存的基础。如果缺乏这种文化，其国家必定缺少生命的质素，其民族必然要被淘汰”②。基于此，罗家伦从传统文化中提取出“诚朴雄伟”四字作为中央大学校训，他认为“所谓诚，即谓对学问要行诚意，不以为升官发财的途径，不以为文饰资格的工具”，“朴就是质朴和朴实的意思……崇实而用笨功，才能树立起朴厚的学术气象”，“雄就是‘大雄无畏’的……若是我们要雄，便非从‘善养吾浩然之气’着手不可”，“伟便有伟大崇高的意思……凡事总从大的方向做去，民族方有成功”③。显然，“诚朴雄伟”四字也主要是代表了儒家

① 孙中山：《三民主义》，第68页。

② 《南大百年实录》编辑组编：《南大百年实录·上卷·中央大学史料选》，第297页。

③ 《南大百年实录》编辑组编：《南大百年实录·上卷·中央大学史料选》，第299～300页。

的人格精神气象。

早在南开初创之时，严范孙便提出了“尚公”“尚能”的主张，并在办学过程中一直践行“公能”二义。1934 年，在总结以往办学经验的基础上，老校长张伯苓化《诗经·鲁颂·泮水》“允文允武”为“允公允能”，作为南开校训，他说“允公，是大公，而不是小公，小公只不过是本位主义而已，算不得什么公了。只有大公，才能高瞻远瞩，正己教人，发扬集体的爱国思想，消灭自私的本位主义”，“允能，就是要作到最能。能建设现代化国家，要有现代化的科学才能”①，“惟公，故能化私，化散，爱护团体，有为公牺牲之精神；惟能，故能去愚，去弱，团结合作，有为公服务之能力”②。1944 年，张伯苓在“允公允能”的后面又加上“日新月异”，由此形成了南开大学的完整校训。“天下为公”是儒家的根本追求，“平天下”更需要实践才能，《大学》引商之盘铭曰“苟日新，日日新，又日新”，《易传》曰“日新其德”，因此南开校训体现的也是儒家文化的根本精神。张伯苓也有基督信仰背景，但这并不妨碍他对儒学与中华文化的认同，他认为自己心灵最深处是爱国救国的情怀，并强调要“整理中国固有之文化，摘其适合于现代潮流者，阐扬而光大之，奉为国魂，并推而广之，以求贡献于全世界”，“昔孔子删诗书定礼乐，亦此旨耳……此种删定重任，愿与诸先生共勉之”③。

---

① 张锡祚：《张伯苓先生传略》，见天津文史资料编委会编《天津文史资料选辑》第 8 辑，天津人民出版社 1980 年版，第 97 页。

② 张伯苓：《四十年南开学校之回顾》，见《张伯苓自述》，安徽文艺出版社 2013 年，第 142 页。

③ 张伯苓：《我之教育目的》，见《现代大学校长文丛·张伯苓卷》，安徽教育出版社 2015 年版，第 172 页。

1897年，杭州知府林启创办求是书院，这就是浙江大学最早的前身，林启在请浙江巡抚廖寿丰具折奏办新式书院奏折中说："窃维居今日而图治，以培养人才为第一义，居今日而育才，以讲求实学为第一义，而讲求实学，要必先正其志趣，以精其术业。《大学》格致诚正、修齐治平之道，合古今中外而不易者也……名曰求是书院。"① 可见"求是"二字承袭着明清时期儒学发展的实学精神。求是书院后来演变为求是大学堂、浙江大学堂、浙江高等学堂等，1928年始为国立浙江大学，1936年竺可桢出任浙大校长。1938年11月，浙大在西迁途中，竺可桢提出以"求是"作为浙大校训，同月还以"王阳明先生与大学生的典范"为主题发表演讲，认为"本校推原历史的渊承，深维治学的精义，特定'求是'二字为校训，阳明先生这样的话，正是'求是'二字的最好注释，我们治学做人之最好指示"②，强调"王阳明先生正是今日国难中大学生最好的典范"，应学习阳明"致知力学的精神""内省力行的精神""艰苦卓绝的精神"，最后又特别指出："处现在外侮深入、国步艰危的时候，阳明先生的伟大处，更应为学者所取法者，尤在他那公忠报国的精神。"③ 1939年2月，竺校长对一年级新生作了《求是精神与牺牲精神》的讲话，强调"所谓求是，不仅限于埋头读书或是实验室做实验。求是的路径，《中庸》说得最好，就是'博学之，审问之，慎思之，明辨之，笃行之'。单是博学审问还不够，必须审思熟虑，自出心裁，独著只眼，来研辨是非得

---

① 《请专设书院兼课中西实学折》，见朱有瓛主编《中国近代学制史料》第1辑下册，华东师范大学出版1986年版，第250~251页。

② 竺可桢：《竺可桢全集》卷二，上海科技教育出版社2004年版，第453页。

③ 竺可桢：《竺可桢全集》，第452~455页。

失。既能把是非得失了然于心，然后尽吾力以行之，诸葛武侯所谓‘鞠躬尽瘁，死而后已’，成败利钝，非所逆睹”①，“像张苍水②这样杀身成仁，也是为了求是”③。时值抗日战争时期，竺校长的讲话也处处透出以学术救国、报国的爱国主义精神。在竺可桢的诠释中，求是不仅是求真理，还同时是求“仁义”，求“公忠报国”。

1938 年抗战中的西南联大常委会于 10 月 6 日开会，决定聘请冯友兰、朱自清、闻一多等教授组成校歌校训制作委员会，冯友兰为召集人。经广泛征集和研究讨论，校训拟为“刚健笃实”呈报常委会，常委会经过认真讨论，认为“刚健笃实”还不能充分体现联大风貌，于是改订为“刚毅坚卓”④。《周易》大畜卦彖辞曰“刚健笃实辉光，日新其德”，显然，用“刚健笃实”虽古典味足，但“刚毅坚卓”更能反映出在民族危难之际，中国人不屈不挠、坚不可摧、追求卓越的民族气节。1938 年 10 月下旬，西北联合大学也以类似的方式，确立了“公诚勤朴”四字校训。

结语：近代以来大学校训与儒家价值观念之省察

1949 年以后，政治激励性话语成为校训主流，如“团结”“勤奋”“求实”“创新”“严谨”等校训铺天盖地，好多高校废

---

① 竺可桢：《竺可桢全集》，第 461 页。

② 张煌言（1620—1664 年），字玄著，号苍水，浙江鄞县（今宁波市鄞州区）人，南明儒将、诗人，著名抗清英雄。张煌言与岳飞、于谦并称“西湖三杰”。

③ 竺可桢：《竺可桢全集》，第 462 页。

④ 杨光社：《西南联大的校风和校训》，见中国人民政治协商会议云南省昆明市委员会编《昆明文史资料集萃》卷三，云南科技出版社 2009 年版，第 2225 页。

除或铲掉了原来充满儒学与传统文化气息的古典校训。1990 年代以来，随着改革开放的全面深入，儒学与中华优秀传统文化的价值重新被人们重视，很多著名高校又纷纷恢复了早期的古典校训，如中山大学在 1994 年建校 70 周年之际，恢复了老校训“博学、审问、慎思、明辨、笃行”；复旦大学也在其 90 华诞的 1995 年，树立起一座“博学而笃志，切问而近思”的校训纪念墙。1995 年，暨南大学也恢复了“忠信笃敬”的校训。1936 年河南大学校门建成之际，校长许心武先生取“明德、新民、止于至善”作为校训，用柳体金字书写悬挂在大门背面，正中上额横书“止于至善”，左书“明德”，右书“新民”。大门建成后不久即遭“七七”事变，幸未毁于战火，但 1953 年，学校大门背面的校训被去掉了。2002 年 90 周年校庆之际，“明德、新民、止于至善”校训又重新悬挂于大门内侧。也有一些大学从儒家或国学经典选取格言名句来构建其新校训，如南京航空航天大学 2006 年取《易传·系辞》“知周乎万物，而道济天下，故不过”，以“智周万物，道济天下”作为校训，这是完全借用传统经典。更多的则是化用儒家经典，参之以现代理念或各自的办学特色，如中国政法大学 2002 年确定的校训“厚德、明法、格物、致公”。目前“博学”“明德”“自强”“厚德”“格物”“致知”“至善”“笃”“诚”“公”“勤”等关键字词在中国大学校训中非常流行。

近代以来，儒学及其价值体系一方面在不断被解构，但同时透过近代以来这些著名大学的校训，也展现出儒家价值观念在经历时代最严峻的考验后所呈现出的顽强生命力。这些名校的校长或校主在其早年多接受过儒学与传统经典的洗礼，后来游历欧美，有着宽阔的世界视野和非常理性的现代精神，在他们身上都洋溢着强烈的爱国主义和浓郁的民族情怀，教育救国是他们的神圣使命。他们对儒学与中华文化内在价值中富有永恒魅力的一面有很深的体悟，并在办学实践中能够发扬光大这些价值观念。总的来看，他们对儒家价值观念的提取，多取自《大学》《中庸》《论语》《易传》。《四书》经典中取《孟子》名言为校训的似比较少，名校中似只有山东大学2001年确立的新校训“学无止境，气有浩然”借用了《孟子》“浩然之气”一语。这些也大体上是宋儒的经典体系。就《大学》而言，宋儒多重八条目之“格物”“致知”，而在近现代这些高校的校训中，三纲领之“明德”“新民”特别是“止于至善”则广受重视。如果最为抽象地理解儒家，笔者认为儒家的根本精神或根本价值可以说就是“止于至善”。《中庸》“博学、审问、慎思、明辨、笃行”也完整或部分地被很多大学确立为校训，特别是“博学”彰显了儒家“学”的精神的重要性，也意味着儒家价值观念的面向是很广博的，并非仅仅是道德伦理，其内容也涵摄了科学求真的向度。如果说“厚德”“明德”“崇德”代表了儒家包容、自明自修之坤德，而“自强”“刚毅”“坚卓”“雄伟”“日新”则代表了儒家敢为人先、开拓创新、追求富强之乾德。“诚”在近现代大学校训中也很突显，在儒家的诠释系统中，诚朴可谓是天道乾德，相应，敬信是地道坤德。过去，“求是”“求实”“实事求是”在儒学与传统文化经典中并不是很突显，但在近现代不断被放大，这种科学精神、实学精神是对传统儒学的发展。

但是，在传统儒学中一向认为是核心价值的“仁”在近现代大学校训中并不是很突显，反而是一些教会大学强调了“仁爱”，如金陵大学校训为“诚、真、勤、仁”，辅仁大学校训为

“以文会友，以友辅仁”，福建协和大学校训为“仁爱、牺牲、服务”。教会大学突显仁爱，一个重要原因是，这与基督教宣扬的博爱精神能够相互呼应。1931 年，国民政府曾要求所有学校都要把孙中山强调的中华美德“忠孝、仁爱、信义、和平”作为校训[①]，这种政治化的共同校训实际上并没有为著名高校继承下来。总体上看，纵观近现代著名大学校训，忠孝、仁爱之类的传统德目并没有得到彰显，相应地，“止于至善”“实事求是”“诚朴”“自强”“明德”“博学”“笃”“厚”“勤”“公”“刚”“毅”等德性精神和价值追求非常醒目流行，于经典而言，《大学》《周易》影响最大，古代并没有特别受重视的“实事求是”在近现代大放异彩。这些价值概括起来，用《周易》的话语取象来说，主要是乾坤卦的精神，特别是乾卦乾元，意味着刚健自强、生生不息、除旧开新、坚卓自立、引领一流，“诚朴”“弘毅”“勤劳”“求是”“公能”可归为乾德，博学、笃厚为坤德，乾坤一体，乾德为统，合起来就是一种自强不息的“龙”的精神。可以说所有这些近现代大学校训背后都贯穿、洋溢着浓烈的爱国主义精神，对民族历史文化有着坚定的自信，当然这种文化文明的自信、自豪、自尊，内含着对民族文化具体因素的扬弃、否定，吐故纳新、追求富强。马相伯、张伯苓虽信仰基督，但这种信仰背后还有更深、更根本的信仰，那就是对中华民族的爱，所有的努力都是为了让中华民族富强起来、昂首屹立于世界的东方，不再受欺凌。同时这种爱国主义并不

---

① 《教育部关于各级学校应将“忠孝仁爱信义和平”八字制匾悬挂的训令》，见中国第二历史档案馆编《中华民国史档案资料汇编》第 5 辑第 1 编《教育》分册第 1 册，江苏古籍出版社 1994 年版，第 76 ~ 77 页。

是狭隘的民族主义，而是担负着平天下、世界大同的伟大夙愿。这也是通过考察近代以来大学校训，对儒学价值观念和根本精神的一个领悟，对今天我们思考儒家文明的创造性转化、创新性发展也具有启发意义。[①]

---

① 港澳台一些著名高校的校训也有不少取自儒家经典，如香港大学校训为“明德格物”，香港中文大学校训为“博文约礼”，香港理工大学校训为“开物成务，励学利民”；澳门大学校训为“仁义礼智信”，台湾成功大学校训为“穷理致知”，等等。

图书在版编目（CIP）数据

社会责任与个体价值：儒学伦理学的现代启示 / 贾晋华，曾振宇主编. — 济南：齐鲁书社，2019. 6
ISBN 978-7-5333-4127-5

Ⅰ. ①社… Ⅱ. ①贾… ②曾… Ⅲ. ①儒家—伦理学—文集 Ⅳ. ①B82-092

中国版本图书馆 CIP 数据核字（2019）第 102192 号

社会责任与个体价值：儒学伦理学的现代启示
SHEHUI ZEREN YU GETI JIAZHI
贾晋华　曾振宇　主编

主管单位	山东出版传媒股份有限公司
出版发行	齊魯書社
社　　址	济南市英雄山路 189 号
邮　　编	250002
网　　址	www. qlss. com. cn
电子邮箱	qilupress@ 126. com
营销中心	(0531)82098521　82098519
印　　刷	日照日报印务中心
开　　本	880mm × 1230mm　1/32
印　　张	8. 5
插　　页	2
字　　数	210 千
版　　次	2019 年 6 月第 1 版
印　　次	2019 年 6 月第 1 次印刷
印　　数	1—800
标准书号	ISBN 978 - 7 - 5333 - 4127 - 5
定　　价	**28. 00 元**